绿色建筑评价标准技术细则 2024

王清勤 韩继红 叶 青 主编

中国建筑工业出版社

图书在版编目(CIP)数据

绿色建筑评价标准技术细则. 2024 / 王清勤,韩继红,叶青主编. -- 北京：中国建筑工业出版社,2025.5.(2025.7重印) -- ISBN 978-7-112-31156-9

Ⅰ.TU18-34

中国国家版本馆CIP数据核字第2025G5H972号

本书依据国家标准《绿色建筑评价标准》GB/T 50378-2019（2024年版）（以下简称《标准》）进行编制，并与其配合使用，为绿色建筑评价工作提供更为具体的技术指导。本书重点细化了《标准》正文技术内容和评价工作要求，整理了相关标准规范的规定，并对评审时的文件要求、审查要点和注意事项等作了总结。为方便读者使用，本书附录给出了与《标准》正文要求对应的围护结构热工性能指标、空调系统冷源机组能效指标。

本书可供开展绿色建筑评价工作的管理部门、评价机构、申报单位、咨询单位使用，也可供绿色建筑设计、施工、运行管理、教学等单位相关人员参考。

责任编辑：张 瑞 刘诗楠 孙玉珍
责任校对：张惠雯

绿色建筑评价标准技术细则 2024

王清勤 韩继红 叶 青 主编

*

中国建筑工业出版社出版、发行（北京海淀三里河路9号）
各地新华书店、建筑书店经销
北京红光制版公司制版
北京圣夫亚美印刷有限公司印刷

*

开本：787毫米×1092毫米 1/16 印张：12 插页：3 字数：306千字
2025年5月第一版 2025年7月第二次印刷
定价：**50.00**元
ISBN 978-7-112-31156-9
(44378)

版权所有 翻印必究
如有内容及印装质量问题，请与本社读者服务中心联系
电话：(010) 58337283 QQ：2885381756
（地址：北京海淀三里河路9号中国建筑工业出版社604室 邮政编码：100037）

《绿色建筑评价标准技术细则 2024》编委会

主任委员：王清勤

副主任委员：韩继红　叶　青　林波荣　鹿　勤　李国柱

委　　　员：（按姓氏笔画排序）

马静越　王　东　王　潇　王有为　方　舟
叶　凌　田　炜　付冬楠　吉淑敏　吕石磊
朱爱萍　刘　翼　刘茂林　闫国军　严一凯
李　坤　李丛笑　李芳艳　李宏军　杨　柳
杨建荣　余　娟　汪四新　宋灵均　张　川
张　然　张永炜　陈　琪　林常青　罗　涛
罗智星　周　辉　周海珠　孟　冲　赵　力
赵建平　郝　斌　姜　波　官　玮　高　怡
高庆龙　高雅春　郭　阳　郭永聪　郭振伟
唐觉民　盖轶静　梁　浩　寇宏侨　蒋　荃
曾　宇　曾　捷　谢琳娜　廖　琳

前 言

为了更好地指导绿色建筑评价工作，在国家标准《绿色建筑评价标准》GB/T 50378-2019（2024年版）（以下简称《标准》）编制工作的同时，组织《标准》编制组专家和《标准》主、参编单位主要研究人员，开展了《绿色建筑评价标准技术细则2024》（以下简称《技术细则》）的编写工作。《技术细则》依据《标准》进行编制，并与其配合使用，为绿色建筑评价工作提供更为具体的技术指导。《技术细则》章节编排也与《标准》基本对应。

第1～3章，召集人为王清勤、韩继红、姜波、李国柱，主要对绿色建筑评价工作的基本原则、有关术语、评价对象、评价阶段、评价指标、评价方法以及评价文件要求等作了阐释。

第4～9章，召集人为叶青、林波荣、鹿勤、杨建荣、林常青、王清勤、赵力，主要对《标准》评价技术条文逐条给出"条文说明扩展"和"具体评价方式"两项内容。"条文说明扩展"主要是细化标准正文技术内容以及列出有关标准规范的相关规定；"具体评价方式"主要是对评价工作要求的细化，包括适用的评价阶段，条文说明中所列评价方式的具体操作方法及相应的材料文件名称、内容和格式要求等，对定性条文判定或评分原则的补充说明，对定量条文计算方法或工具的补充说明，评审时的审查要点和注意事项等。同时，依据条文要求，在附录中给出了围护结构热工性能指标、空调系统冷源机组能效指标。

本书在编写过程中，编写秘书组成员李国柱、严一凯、吉淑敏、余娟、李宏军、叶凌、谢琳娜、马静越等为本书统稿、校核、制表等做了大量工作。希望本书能为绿色建筑从业者和相关单位提供有益参考和借鉴。由于绿色建筑涉及多个专业领域，加之编者水平有限、时间仓促，本书难免存在不妥和疏漏之处，恳请读者批评指正。

《技术细则》编委会
二〇二四年十二月

目 录

1 总则 ·· 1
2 术语 ·· 3
3 基本规定 ··· 5
　3.1 一般规定 ··· 5
　3.2 评价与等级划分 ··· 8
4 安全耐久 ··· 15
　4.1 控制项 ··· 15
　4.2 评分项 ··· 27
5 健康舒适 ··· 40
　5.1 控制项 ··· 40
　5.2 评分项 ··· 54
6 生活便利 ··· 71
　6.1 控制项 ··· 71
　6.2 评分项 ··· 80
7 资源节约 ··· 97
　7.1 控制项 ··· 97
　7.2 评分项 ··· 108
8 环境宜居 ··· 149
　8.1 控制项 ··· 149
　8.2 评分项 ··· 160
9 提高与创新 ··· 174
　9.1 一般规定 ··· 174
　9.2 加分项 ··· 174
附录 A 围护结构热工性能指标 ··· 插页
附录 B 空调系统冷源机组能效指标 ································· 插页

5

1 总 则

1.0.1 为贯彻落实绿色发展理念，推进绿色建筑高质量发展，节约资源，保护环境，满足人民日益增长的美好生活需要，制定本标准。

【说明】

国家标准《绿色建筑评价标准》GB/T 50378（简称本标准）是我国首部多目标、多层次的绿色建筑综合性技术标准，作为绿色建筑的"母标准"，通过近20年发展，历经了2006版、2014版、2019版和2024年版的迭代更新，有效引领我国绿色建筑从无到有、从单体到城区、从局部地区到全国范围、从工程示范到规模化发展、从国内到国际、技术理念和水平从跟跑到领跑的巨变，在贯彻落实国家绿色发展理念、推动城市高质量发展、促进绿色建筑技术进步等方面具有极其重要的作用。依托本标准将绿色建筑理念和技术从评价逐步拓展至绿色建筑设计、施工、检测、验收、运维、评价等工程建设全流程，带动了绿色建筑技术研究、标准制定、产品开发、人才培养，实现了绿色建筑全过程周期、全产业链长的高质量纵深发展，探索形成了一套较为成熟的绿色建筑中国式发展路径。

本标准2019版为贯彻落实绿色发展理念，推进绿色建筑高质量发展，节约资源，保护环境，满足人民日益增长的美好生活需要，对绿色建筑评价指标体系、技术内容等作了全面修订。随着标准化改革的不断深入，支撑工程建设高质量发展的新型标准体系框架基本形成，住房城乡建设部批准发布首批强制性工程建设规范，作为保障人民生命财产安全、生态环境安全、促进资源节约利用、满足经济发展需求的底线性要求。同时，为全面实现绿色发展、加速提升碳减排水平，《国务院关于印发2030年前碳达峰行动方案的通知》《住房和城乡建设部关于印发"十四五"建筑节能与绿色建筑发展规划》等文件，明确了新时代城乡建设领域节能减碳的任务要求。

为加强本标准与强制性工程建设规范的协调性，支撑我国城乡建设领域全面落实低碳发展目标，适应新时代发展过程中的技术变化，解决标准实施过程中遇到的问题，经住房城乡建设部批准，依据《住房和城乡建设部关于印发2022年工程建设规范标准编制及相关工作计划的通知》（建标函〔2022〕21号），由中国建筑科学研究院有限公司会同有关单位，开展了本标准2019版的局部修订工作。修订的主要任务是：①贯彻落实工程建设标准化工作改革要求，与现行强制性工程建设规范相协调；②以碳达峰碳中和工作为引领，加快推动建筑领域节能降碳，强化绿色建筑的碳减排性能要求；③充分采纳相关意见和建议，优化标准实施效果，与现行相关标准进行协调。

1.0.2 本标准适用于民用建筑绿色性能的评价。

【说明】

本条规定了标准的适用范围，即本标准适用于各类民用建筑绿色性能的评价，包括公共建筑和住宅建筑。绿色性能的定义，见本标准第2.0.2条。

1.0.3 绿色建筑评价应遵循因地制宜的原则，结合建筑所在地域的气候、环境、资源、经济和文化等特点，对建筑全寿命期内的安全耐久、健康舒适、生活便利、资源节约、环境宜居等性能进行综合评价。

【说明】

我国各地区在气候、环境、资源、经济发展水平与民俗文化等方面都存在较大差异，而因地制宜又是绿色建筑建设的基本原则，因此对绿色建筑的评价，也应综合考量建筑所在地域的气候、环境、资源、经济和文化等条件和特点。建筑物从规划设计到施工，再到运行使用及最终的拆除，构成一个全寿命期。本次修订，以"四节一环保"为基本约束，以"以人为本"为核心要求，对建筑的安全耐久、健康舒适、生活便利、资源节约、环境宜居等方面的性能进行综合评价。

1.0.4 绿色建筑应结合地形地貌进行场地设计与建筑布局，且建筑布局应与场地的气候条件和地理环境相适应，并应对场地的风环境、光环境、热环境、声环境等加以组织和利用。

【说明】

绿色建筑充分利用场地原有的自然要素，能够减少开发建设对场地及周边生态系统的改变。从适应场地条件和气候特征入手，优化建筑布局，有利于创造积极的室外环境。对场地风环境、光环境的组织和利用，可以改善建筑的自然通风日照条件，提高场地舒适度；对场地热环境的组织，可以降低热岛强度；对场地声环境的组织，可以降低建筑室内外噪声。

1.0.5 绿色建筑的评价除应符合本标准的规定外，尚应符合国家现行有关标准的规定。

【说明】

符合国家法律法规和有关标准是参与绿色建筑评价的前提条件。本标准重点在于对建筑绿色性能进行评价，并未涵盖通常建筑物所应有的全部功能和性能要求，故参与评价的建筑尚应符合国家现行有关标准的规定。

2 术　　语

2.0.1　绿色建筑　green building

在全寿命期内，节约资源、保护环境、减少污染，为人们提供健康、适用、高效的使用空间，最大限度地实现人与自然和谐共生的高质量建筑。

【说明】

从以人为本的角度出发，结合新时代社会主要矛盾的变化，以指导建设高质量绿色建筑为核心目标，绿色建筑评价指标体系为"安全耐久、健康舒适、生活便利、资源节约和环境宜居"，充分体现了"为人们提供健康、适用、高效的使用空间"的初衷以及"最大限度地实现人与自然和谐共生"的可持续发展的目的。指标体系内涵的丰富和要求的提高，必然提升绿色建筑的实际使用性能，而评价节点的调整，将改变设计标识项目数量多而运行标识项目数量少的局面，推动绿色建筑全面迈入高质量发展阶段。

2.0.2　绿色性能　green performance

涉及建筑安全耐久、健康舒适、生活便利、资源节约（节地、节能、节水、节材）和环境宜居等方面的综合性能。

【说明】

不是建筑中的所有性能都被称为绿色性能，绿色性能是指"安全耐久、健康舒适、生活便利、资源节约（节地、节能、节水、节材）和环境宜居"等方面的综合性能，包括相关的参数和指标。这也为本标准第1.0.2条的范畴界定提供了依据。

2.0.3　全装修　decorated

在交付前，住宅建筑内部墙面、顶面、地面全部铺贴、粉刷完成，门窗、固定家具、设备管线、开关插座及厨房、卫生间固定设施安装到位；公共建筑公共区域的固定面全部铺贴、粉刷完成，水、暖、电、通风等基本设备全部安装到位。

【说明】

本术语的编制考虑到民用建筑装修现状，区分了住宅建筑和公共建筑的不同要求，并参考了现行国家标准《建筑装饰装修工程质量验收标准》GB 50210、现行行业标准《住宅室内装饰装修设计规范》JGJ 367、《住宅室内装饰装修工程质量验收规范》JGJ/T 304、《装配式内装修技术标准》JGJ/T 491 的相关内容。对于住宅建筑，强调在交付前所有固定面铺装、粉刷完成，门窗、固定家具（橱柜等）、设备管线、开关插座及厨房、卫生间固定设施安装到位，即满足人们入住后的基本生活需求；对于公共建筑，考虑到出租型办公建筑等建筑类型的实际情况，仅要求大堂、公共走道、卫生间等公共区域的墙面、顶面、地面固定面全部铺贴、粉刷完成，可满足直接使用需求，水、暖、电、通风等基本设备全部安装到位。

2.0.4 热岛强度 heat island intensity

城市内一个区域的气温与郊区气温的差别，用二者代表性测点气温的差值表示，是城市热岛效应的表征参数。

【说明】

本术语沿用本标准2006版。同时参考了现行行业标准《民用建筑绿色性能计算标准》JGJ/T 449等国家现行标准的规定，对其标准化计算方法（气象数据、边界条件、热岛计算标准报告等）进行了要求。

2.0.5 绿色建材 green building material

在全寿命期内可减少对资源的消耗、减轻对生态环境的影响，具有节能、减排、安全、健康、便利和可循环特征的建材产品。

【说明】

绿色建材是绿色建筑的重要物质基础。关于绿色建材的定义，住房城乡建设部、工业和信息化部2015年印发的《绿色建材评价技术导则（试行）》（第一版）明确为："在全生命周期内可减少对天然资源消耗和减轻对生态环境影响，具有'节能、减排、安全、便利和可循环'特征的建材产品。"本术语在此基础上，为响应新时代绿色建筑对健康的关注，增加了"健康"的特征。

3 基 本 规 定

3.1 一 般 规 定

3.1.1 绿色建筑评价应以单栋建筑或建筑群为评价对象。评价对象应落实并深化上位法定规划及相关专项规划提出的绿色发展要求；涉及系统性、整体性的指标，应基于建筑所属工程项目的总体进行评价。

【说明】

建筑和建筑群的规划建设应符合法定详细规划，并应满足绿色生态城市发展规划、绿色建筑建设规划、海绵城市建设规划等相关专项规划提出的绿色发展控制要求，深化、细化技术措施。

建筑单体和建筑群均可以参评绿色建筑，临时建筑不得参评。单栋建筑应为完整的建筑，不得从中剔除部分区域。对于建筑未交付使用时，应坚持本条原则，不对一栋建筑中的部分区域开展绿色建筑评价。但建筑运行阶段，可能会存在两个或两个以上业主的多功能综合性建筑，此情况下可灵活处理，首先仍应考虑"以一栋完整的建筑为基本对象"的原则，鼓励其业主联合申请绿色建筑评价；如所有业主无法联合申请，但有业主有意愿单独申请时，可对建筑中的部分区域进行评价，但申请评价的区域，建筑面积应不少于 2 万 m^2，且有相对独立的暖通空调、给水排水等设备系统，此区域的电、气、热、水耗也能独立计量，还应明确物业产权和运行管理涵盖的区域，涉及的系统性、整体性指标，仍应按照本条的相关规定执行。

建筑群是指位置毗邻、功能相同、权属相同、技术体系相同（相近）的两个及以上单体建筑组成的群体。常见的建筑群有住宅建筑群、办公建筑群。当对建筑群进行评价时，可先用本标准评分项和加分项对各单体建筑进行评价，得到各单体建筑的总得分，再按各单体建筑的建筑面积进行加权计算得到建筑群的总得分，最后按建筑群的总得分确定建筑群的绿色建筑等级。

无论评价对象为单栋建筑或建筑群，计算系统性、整体性指标时，边界应选取一致，一般以城市道路完整围合的最小用地面积为宜。如最小规模的城市居住区即城市道路围合的居住街坊（国家标准《城市居住区规划设计标准》GB 50180-2018 规定的居住街坊规模），或城市道路围合、由公共建筑群构成的城市街坊。

3.1.2 绿色建筑评价应在建筑工程竣工后进行，绿色建筑预评价应在建筑工程施工图设计完成后进行。

3 基本规定

【说明】

将绿色建筑的性能评价放在建筑工程竣工后，能够更加有效约束绿色建筑技术落地，保证绿色建筑性能的实现。建筑工程竣工后的绿色建筑评价，可以分为两种情况：一种情况是在建筑工程竣工后、投入使用前即进行绿色建筑评价，另一种情况是在建筑工程投入使用后一段时间才进行绿色建筑评价。本标准及细则对于建筑工程竣工后的这两个不同时间节点的评价方式进行了规定。当这两个阶段提供材料无区别时，不作特别说明；当对投入使用的建筑有额外材料要求时，本细则中的"具体评价方式"中进行了明确，例如运行维保记录、实际运行数据等。特别地，第6章"生活便利"的"运营管理"部分的4条均针对投入使用后的评价，因此，投入使用后再进行绿色建筑评价的项目可由此获得更多评分。

本条提出"绿色建筑预评价应在建筑工程施工图设计完成后进行"，主要是出于两个方面的考虑：一方面，预评价能够更早地掌握建筑工程可能实现的绿色性能，及时优化或调整建筑方案或技术措施，并为运行管理和绿色建筑评价做准备；另一方面，便于与绿色建筑相关的政策或管理相衔接，如地方主管部门、绿色金融机构、建设单位等，可将绿色建筑预评价作为落实绿色发展要求、保证绿色建筑性能质量的抓手。

3.1.3 申请评价方应对参评建筑进行全寿命期技术和经济分析，选用适宜技术、设备和材料，对规划、设计、施工、运行阶段进行全过程控制，并应在评价时提交相应分析、测试报告和相关文件。申请评价方应对所提交资料的真实性和完整性负责。

【说明】

本条对申请评价方的相关工作提出要求。申请评价方依据有关管理制度文件确定。绿色建筑注重全寿命期内资源节约与环境保护的性能，是助力碳减排的重要支撑，申请评价方应对建筑全寿命期内各个阶段进行控制，优化建筑技术、设备和材料选用，综合评估建筑规模、建筑技术与投资之间的总体平衡，并按本标准的要求提交相应分析、测试报告和相关文件，涉及计算和测试的结果，应明确计算方法和测试方法。申请评价方对所提交资料的真实性和完整性负责，并提交书面承诺。对于所选用的技术、设备和材料，除条文特别明确采用比例外，一般均要求为全部，杜绝表面文章。**特别注意，申请建筑工程竣工后的绿色建筑评价，项目所提交的一切资料均应基于工程竣工资料，不得以申请预评价时的设计文件替代。**

3.1.4 评价机构应对申请评价方提交的分析、测试报告和相关文件进行审查，出具评价报告，确定等级。

【说明】

本条对绿色建筑评价机构的相关工作提出要求。绿色建筑评价机构依据有关管理制度文件确定。绿色建筑评价机构应按照本标准的有关要求审查申请评价方提交的报告、文档，并在评价报告中确定等级。

3.1 一般规定

3.1.5 申请绿色金融服务的建筑项目，应对节能措施、节水措施、建筑能耗和碳排放等进行计算和说明，并应形成专项报告。

【说明】

本条对申请绿色金融服务的建筑项目提出了要求。绿色金融是为支持环境改善、应对气候变化和资源节约高效利用的经济活动，即对环保、节能、清洁能源、绿色交通、绿色建筑等领域的项目投融资、项目运营、风险管理等所提供的金融服务。绿色金融服务包括绿色信贷、绿色债券、绿色股票指数和相关产品、绿色发展基金、绿色保险、碳金融等。对于申请绿色金融服务的建筑项目，应按照相关要求，对建筑的能耗和节能措施、碳排放、节水措施等进行计算和说明，并形成专项报告。

3.1.6 绿色建筑应在施工图设计阶段提供绿色建筑设计专篇，在交付时提供绿色建筑使用说明书。

【说明】

本条对绿色建筑设计和交付工作提出要求。

近年来，绿色建筑设计模式、方法和技术有了较大进步，不同的设计方法对于达成同样的全寿命期绿色性能付出的代价存在一定差异。现行行业标准《民用建筑绿色设计规范》JGJ/T 229 为绿色建筑等级目标的达成提供了技术路径，这种路径通过全过程、全专业协同实现绿色建筑技术的有机集成应用，进而实现更高的绿色性能（安全耐久、健康舒适、生活便利、资源节约、环境宜居）。因此，鼓励通过绿色建筑设计的方式，达成绿色建筑目标。

绿色建筑应体现共享、平衡、集成的理念，在设计过程中规划、建筑、结构、给水排水、暖通空调、燃气、电气与智能化、室内设计、景观、经济等各专业应紧密配合，因此要求在施工图设计阶段应提供绿色建筑设计专篇，在专篇中明确绿色建筑等级目标，相关专业采取的技术措施和详细的设计参数，并明确对绿色建筑施工与建筑运营管理的技术要求。此外，为保证绿色建筑设计的系统性，在立项阶段、方案设计阶段和初步设计阶段，各专业应提前开展绿色建筑设计专篇有关工作，例如明确绿色建筑等级目标、技术路径、设计参数要求，并将相关费用纳入工程投资概算等。各阶段专业设计图纸应与同阶段绿色建筑相关内容一致，并达到相应的设计深度要求。

施工图设计阶段提供绿色建筑设计专篇也便于开展绿色建筑预评价工作，进一步确定所采用的绿色建筑技术的施工可行性、合理性及经济性，必要时结合预评价意见进行修改完善。

绿色建筑交付时应有绿色建筑使用说明书，主要是供建设单位、业主、物业管理者、使用者在运营过程中使用的设计技术说明书。说明书应载明本项目绿色建筑相关性能要求、绿色技术措施、设施设备清单和使用说明，比如设备设施参数，主体结构、门窗及设备设施的设计工作年限，检查维修周期和要点，使用注意事项、日常安全与风险管理等。

设计单位应具备编制绿色建筑设计专篇和绿色建筑使用说明书的能力，因此主张在设计合同中对该项工作内容的深度、交付时间和责任予以明确，由设计单位向建设单位或设计合同委托单位提供。后续再由建设单位或设计合同委托单位向物业、使用者等相关方提供。绿色建筑使用说明书与竣工图纸等材料应一并纳入验收材料并作为建筑物的档案资料长期保存。

3.2 评价与等级划分

3.2.1 绿色建筑评价指标体系应由安全耐久、健康舒适、生活便利、资源节约、环境宜居5类指标组成，且每类指标均包括控制项和评分项；评价指标体系还统一设置加分项。

【说明】

绿色建筑评价指标体系的每类指标均包括控制项和评分项。为了鼓励绿色建筑采用提高、创新的建筑技术和产品建造更高性能的绿色建筑，评价指标体系还统一设置"提高与创新"加分项。

3.2.2 控制项的评定结果应为达标或不达标；评分项和加分项的评定结果应为分值。

【说明】

控制项的评定结果应为达标或不达标。评分项的评价，依据评价条文的规定确定得分或不得分，得分时根据项目情况确定达标子项得分或达标程度得分。加分项的评价，依据评价条文的规定确定得分或不得分。

本标准中评分项的赋分有以下几种方式：

（1）一条条文评判一类性能或技术指标，且不需要根据达标情况不同赋以不同分值时，赋以一个固定分值，该评分项的得分为0分或固定分值，在条文主干部分表述为"评价分值为某分"。

（2）一条条文评判一类性能或技术指标，需要根据达标情况不同赋以不同分值时，在条文主干部分表述为"评价总分值为某分"，同时将不同得分值表述为"得某分"的形式，且从低分到高分排列；递进的档次特别多或者评分特别复杂的，则采用列表的形式表达，在条文主干部分表述为"按某表的规则评分"。

（3）一条条文评判一类性能或技术指标，但需要针对不同建筑类型或特点分别评判时，针对各种类型或特点按款或项分别赋以分值，各款或项得分均等于该条得分，在条文主干部分表述为"按下列规则评分"。

（4）一条条文评判多个技术指标，将多个技术指标的评判以款或项的形式表达，并按款或项赋以分值，该条得分为各款或项得分之和，在条文主干部分表述为"按下列规则分别评分并累计"。

（5）一条条文评判多个技术指标，其中某技术指标需要根据达标情况不同赋以不同分值时，首先按多个技术指标的评判以款或项的形式表达并按款或项赋以分值，然后考虑达标程度不同对其中部分技术指标采用递进赋分方式。

可能还会有少数条文出现其他评分方式组合。

本标准中评分项和加分项条文主干部分给出了该条的"评价分值"或"评价总分值"，

是该条可能得到的最高分值。

3.2.3 对于多功能的综合性单体建筑，应按本标准全部评价条文逐条对适用的区域进行评价，确定各评价条文的得分。

【说明】
　　不论建筑功能是否综合，均以各个条/款为基本评判单元。对于某一条文，只要建筑中有相关区域涉及，则该建筑就应参评并确定得分。对于条文下设两款分别针对住宅建筑和公共建筑，所评价建筑如果同时包含住宅建筑和公共建筑，则需按这两种功能分别评价后再取平均值。总体原则为：
　　（1）只要有涉及即全部参评。以商住楼为例，即使底商面积比例很小，但仍要参评，并作为整栋建筑的得分（而不按面积折算）。
　　（2）系统性、整体性指标应按项目总体评价。
　　（3）所有部分均满足要求才给分，例如第7.2.5条（冷热源机组能效），对于同时存在不同形式冷热源的项目，冷热源能效提升应同时满足表7.2.5的要求才能得分，否则不得分。
　　（4）递进分档得分的条文，按"就低不就高"的原则确定得分。以第7.2.5条（冷热源机组能效）为例，若公共建筑集中空调系统冷水机组COP提高12%（对应得分为10分），住宅建筑房间空气调节器能效比为2级能效等级限值（对应得分为5分），则该条最终得分为5分。
　　（5）上述情况之外的特殊情况可特殊处理。此类特殊情况，如已在本标准条文、条文说明或本细则中明示的，应遵照执行。对某些标准条文、条文说明、本细则的补充说明均未明示的特定情况，可根据实际情况进行判定。

3.2.4 绿色建筑评价的分值设定应符合表3.2.4的规定。

表3.2.4　绿色建筑评价分值

	控制项基础分值	评分项满分值					加分项满分值
		安全耐久	健康舒适	生活便利	资源节约	环境宜居	
预评价	400	100	100	70	200	100	100
评价	400	100	100	100	200	100	100

注：预评价时，本标准第6.2.10、6.2.11、6.2.12、6.2.13、9.2.8条不得分。

【说明】
　　控制项基础分值的获得条件是满足本标准所有控制项的要求。对于住宅建筑和公共建筑，5类指标同等重要，所以未因建筑类型不同而划分制订不同各评价指标评分项总分值。"资源节约"指标包含了节地、节能、节水、节材的相关内容，故该指标的总分值高于其他指标。"提高与创新"为加分项，鼓励绿色建筑性能提升和技术创新。
　　"生活便利"指标中"运营管理"小节是建筑项目投入运行后的技术要求，因此，相

3 基本规定

比绿色建筑的评价,预评价时"生活便利"指标的满分值有所降低。

本条规定的评价指标评分项满分值、提高与创新加分项满分值均为最高可能的分值。绿色建筑评价应在建筑工程竣工后进行,对于刚刚竣工后即评价的建筑,部分与运行有关的条文仍无法得分。

3.2.5 绿色建筑评价的总得分应按下式进行计算。

$$Q=(Q_0+Q_1+Q_2+Q_3+Q_4+Q_5+Q_A)/10 \quad (3.2.5)$$

式中:Q——总得分;

Q_0——控制项基础分值,当满足所有控制项的要求时取 400 分;

$Q_1 \sim Q_5$——分别为评价指标体系 5 类指标(安全耐久、健康舒适、生活便利、资源节约、环境宜居)评分项得分;

Q_A——提高与创新加分项得分。

【说明】

本条对绿色建筑评价中的总得分的计算方法作出了规定。参评建筑的总得分由控制项基础分值、评分项得分和提高与创新项得分三部分组成,总得分满分为 110 分。控制项基础分值的获得条件是满足本标准所有控制项的要求,提高与创新项得分应按本标准第 9 章的相关要求确定。计算分值 Q 的最终结果,按四舍五入取整。

3.2.6 绿色建筑等级应按由低至高划分为基本级、一星级、二星级、三星级 4 个等级。

【说明】

本标准作为划分绿色建筑性能等级的评价工具,既要体现其性能评定、技术引领的行业地位,又要兼顾其推广普及绿色建筑的重要作用。本标准 2019 年版在原有绿色建筑一星级、二星级、三星级 3 个等级基础上增加了"基本级",基本级的设置,考虑了我国绿色建筑地域发展的不平衡性,也考虑了与国际接轨,便于国际交流。

3.2.7 当满足全部控制项要求时,绿色建筑等级应为基本级。

【说明】

控制项是绿色建筑的必要条件,当建筑项目满足本标准全部控制项的要求时,绿色建筑的等级即达到基本级。

3.2.8 绿色建筑星级等级应按下列规定确定:

1 一星级、二星级、三星级 3 个等级的绿色建筑均应满足本标准全部控制项的要求,且每类指标的评分项得分不应小于其评分项满分值的 30%;

2 一星级、二星级、三星级 3 个等级的绿色建筑均应进行全装修,全装修工程质量、选用材料及产品质量应符合国家现行有关标准的规定;

3 当总得分分别达到 60 分、70 分、85 分且应满足表 3.2.8 的要求时,绿色建筑等级分别为一星级、二星级、三星级。

表 3.2.8 一星级、二星级、三星级绿色建筑的技术要求

	一星级	二星级	三星级
围护结构热工性能的提高比例，或建筑供暖空调负荷降低比例	—	围护结构提高 5%，或负荷降低 3%	围护结构提高 10%，或负荷降低 5%
严寒和寒冷地区住宅建筑外窗传热系数降低比例	5%	10%	20%
节水器具水效等级	3 级	2 级	
住宅建筑隔声性能	—	卧室分户墙和卧室分户楼板两侧房间之间的空气声隔声性能（计权标准化声压级差与交通噪声频谱修正量之和 $D_{nT,w}+C_{tr}$）≥47dB，卧室分户楼板的撞击声隔声性能（计权标准化撞击声压级 $L'_{nT,w}$）≤60dB	卧室分户墙和卧室分户楼板两侧房间之间的空气声隔声性能（计权标准化声压级差与交通噪声频谱修正量之和 $D_{nT,w}+C_{tr}$）≥50dB，卧室分户楼板的撞击声隔声性能（计权标准化撞击声压级 $L'_{nT,w}$）≤55dB
室内主要空气污染物浓度降低比例	10%	20%	
绿色建材应用比例	10%	20%	30%
碳减排	明确全寿命期建筑碳排放强度，并明确降低碳排放强度的技术措施		
外窗气密性能	符合国家现行相关节能设计标准的规定，且外窗洞口与外窗本体的结合部位应严密		

注：1 围护结构热工性能的提高基准、严寒和寒冷地区住宅建筑外窗传热系数降低基准均为现行强制性工程建设规范《建筑节能与可再生能源利用通用规范》GB 55015 的要求。
    2 室内氨、总挥发性有机物、$PM_{2.5}$ 等室内空气污染物，其浓度降低基准为现行国家标准《室内空气质量标准》GB/T 18883 的有关要求。

【说明】

第 1 款，当对绿色建筑进行星级评价时，首先应该满足本标准规定的全部控制项要求，同时规定了每类评价指标的最低得分要求，以实现绿色建筑的性能均衡。

第 2 款，对一星级、二星级、三星级绿色建筑提出了全装修的交付要求。建筑全装修交付能够有效杜绝擅自改变房屋结构等"乱装修"现象，保证建筑安全，避免能源和材料浪费，降低装修成本，节约项目时间，减少室内装修污染及装修带来的环境污染，并避免装修扰民，更加符合现阶段人民对于健康、环保和经济性的要求，对于积极推进绿色建筑实施具有重要的作用。近年来，海南、江苏、浙江、内蒙古、上海、广西等地建设主管部门纷纷出台规定、标准，完善全装修房全过程监管，提高住房保障建设管理水平。全装修应依据现行

国家标准《建筑装饰装修工程质量验收标准》GB 50210以及现行行业标准《住宅室内装饰装修设计规范》JGJ 367、《住宅室内装饰装修工程质量验收规范》JGJ/T 304、《装配式内装修技术标准》JGJ/T 491和地方相关标准规范实施。本标准术语2.0.3明确了住宅建筑和公共建筑的全装修要求。对于住宅建筑，在交付前，建筑内部墙面、顶面、地面应全部完成并可满足直接使用需求；门窗、设备管线、开关插座及固定家具应安装到位；厨房、卫生间的固定设施应安装到位，预留油烟机、灶具等厨电设施的安装条件和空间。固定家具及设施的最低配置要求应满足各地相关管理规定要求。考虑到住宅建筑的不同装修要求，建设单位可根据购房者/使用者的意向，在设计时提供不同装修方案提前供购房者自主选择，在房屋交付前予以实施。对于公共建筑，全装修范围主要为公共区域，包括大堂、公共走道、楼梯、电梯厅、宴会前厅、游泳池、会客区等。公共区域的墙面、顶面、地面全部完成并可满足直接使用需求，水、暖、电、通风等基本设备全部安装到位。全装修所选用的材料和产品，如瓷砖、卫生器具、板材等，应为质量合格产品，满足相应产品标准的质量要求，同时应结合当地的品牌认可和消费习惯，最大程度避免二次装修。

第3款，按本标准第3.2.5条的规定计算得到绿色建筑总得分，当总得分分别达到60分、70分、85分且满足本条第1款和第2款及表3.2.8的要求时，绿色建筑等级分别为一星级、二星级、三星级。表3.2.8对星级绿色建筑提出了更高的技术要求，具体体现为：

（1）对一星级、二星级、三星级绿色建筑的建筑能耗提出了更高的要求，具体包括围护结构热工性能的提高或建筑供暖空调负荷的降低、严寒和寒冷地区住宅建筑外窗传热系数的降低。具体计算方法，详见本标准第7.2.4条的条文说明。

将围护结构热工性能提高比例、建筑供暖空调负荷降低比例的基准标准，由原"国家现行相关建筑节能设计标准"调整为"现行强制性工程建设规范《建筑节能与可再生能源利用通用规范》GB 55015"。对于甲类公共建筑以及夏热冬冷、夏热冬暖、温和地区居住建筑，强制性工程建设规范《建筑节能与可再生能源利用通用规范》GB 55015-2021与本标准2019版对标的相关建筑节能设计标准相比，在围护结构热工性能要求上已有大幅提升，平均提升幅度达到10%，最高提升幅度达到25%以上，沿用本标准2019版的一、二、三星级要求继续提升5%、10%、20%非常困难，不易实施。对于乙类公共建筑和严寒、寒冷地区居住建筑，行业标准《严寒和寒冷地区居住建筑节能设计标准》JGJ 26-2018节能率已经达到75%，围护结构热工性能要求基本对齐发达国家水平，强制性工程建设规范《建筑节能与可再生能源利用通用规范》GB 55015-2021与本标准2019版对标的相关建筑节能设计标准相比并没有进一步提升，因此，同样延续本标准2019版的一、二、三星级要求继续提升5%、10%、20%也会非常困难，导致难以推行。现行强制性工程建设规范《建筑节能与可再生能源利用通用规范》GB 55015的实施将会推动各气候区建筑节能设计行业标准以及地方标准的更新修订，修订后我国建筑节能设计水平整体上与国际相关节能标准性能要求一致。考虑到绿色建筑对建筑节能这一基础工作的支撑和引导作用，本次修订以现行强制性工程建设规范《建筑节能与可再生能源利用通用规范》GB 55015为基准，将一、二、三星级的提升要求修改为一星级不作提升、二星级围护结构热工性能提高5%或建筑供暖空调负荷降低3%、三星级围护结构热工性能提高10%或建筑供暖空调负荷降低5%。

3.2 评价与等级划分

（2）对二星级、三星级绿色建筑用水器具的水效提出了要求，相关用水器具的水效标准及评价方法，详见本标准第7.2.10条的条文说明。

（3）对二星级、三星级绿色建筑（住宅建筑）的隔声性能提出了要求。本次局部修订，为了提升卧室与邻户房间之间的隔声性能，特别是低频段隔声性能，将卧室与邻户房间之间的空气声隔声性能评价的频谱修正量从原来的"粉红噪声频谱修正量C"调整为"交通噪声频谱修正量C_{tr}"。具体评价方法参见本细则第5.2.7条。

（4）对一星级、二星级、三星级绿色建筑室内主要的空气污染物浓度限值进行了规定。国家标准《室内空气质量标准》GB/T 18883-2022中对室内空气污染物浓度限值进行了调整，其中甲醛、苯、氡、可吸入颗粒物的浓度限值相比该标准2002版降低幅度达到了20%及以上（见表3-1），而氨、总挥发性有机物的浓度限值未变。因此，仅对氨、总挥发性有机物进行要求，并增加了$PM_{2.5}$的要求。具体评价方法，详见本标准第5.1.1条、第5.2.1条的条文说明。

表3-1　2002版和2022版国家标准《室内空气质量标准》GB/T 18883室内污染物浓度对比

污染物	GB/T 18883-2002	GB/T 18883-2022	2022版相比2002版浓度降低比例
氨	0.20mg/m³	0.20mg/m³	0
甲醛	0.10mg/m³	0.08mg/m³	20%
苯	0.11mg/m³	0.03mg/m³	73%
总挥发性有机物	0.60mg/m³	0.60mg/m³	0
氡	400Bq/m³	300Bq/m³	25%
可吸入颗粒物PM_{10}	0.15mg/m³	0.10mg/m³	33%
$PM_{2.5}$	—	0.05mg/m³	

（5）对星级绿色建筑的绿色建材应用比例进行了规定。全面推广绿色建材是全面贯彻新发展理念以及推动城乡建设绿色发展的重要组成部分。本标准2019版第7.2.18条对星级绿色建筑提出了不低于30%的应用比例要求。相关规划指出，"十四五"期间，城镇新建建筑里绿色建材的应用比例会有更为显著的提升。目前，全国各个省市都已出台政策，大力推动绿色建材的推广与应用，像北京、重庆、湖北、河北、西藏等地，都明确给出了绿色建材应用比例的具体指标。鉴于这些目标要求，此次对相关内容进行修订时，提出了与之对应的阶段性目标。具体评价方法，详见本标准第7.2.18条的条文说明。

（6）对星级绿色建筑的全寿命期碳排放分析提出要求。绿色建筑将对资源节约、环境保护的要求贯穿到了建筑全寿命期，与仅关注建筑运行阶段碳排放降低相比，更能体现从产品角度出发的碳足迹、碳排放管理理念，对建筑设计、建材选用、施工建造、运行维护以及报废拆除的低碳技术和产品应用均有支撑和引导，更符合城乡建设领域全面低碳发展要求。建筑全寿命期碳排放分析应满足现行国家标准《建筑碳排放计算标准》GB/T 51366的要求，在具体计算时，应注意不同阶段碳排放强度的表述差异，结论应以建筑全寿命期碳排放强度（$kgCO_2e/m^2$）表示，并应体现各项碳减排措施的贡献率。在分析方法、计算范围以及数据来源上，应严格执行现行国家标准《建筑碳排放计算标准》GB/T 51366的规定，现行国家标准《建筑碳排放计算标准》GB/T 51366未作规定的内容，可采用国家或地方发布的相关标准、规定进行补充。在设计阶段，对于建材类型和用量以及对应的碳排放应根据设计情况进行预测分析，对于施工和建材运输碳排放应根据施工组织方案进行预测分析，对于运行碳排放应根据能耗模拟结果进行预测分析。在运行阶段，已竣工投入使用的建筑，应根据建筑工程施工情况、运行情况进行全生命期碳排放修正（设计阶段进行过碳排放分析，如无，则根据项目建设、运行产生的实际材料和能源用量数据进行核算分析）。绿色建筑全寿命期碳排放计算可综合应用能耗模拟软件和手动汇总分析相结合，也可以采用全寿命期碳排放计算软件进行分析。在分析结果的内容方面，可参考中国城市科学研究会、中国建筑科学研究院科技发展研究院等单位编制的《绿色建筑全生命期碳排放计算（核算）报告模板》。

（7）对一星级、二星级、三星级绿色建筑的外窗气密性能及外窗安装施工质量提出了要求。外窗的气密性能应符合国家现行标准《公共建筑节能设计标准》GB 50189、《严寒和寒冷地区居住建筑节能设计标准》JGJ 26、《夏热冬冷地区居住建筑节能设计标准》JGJ 134、《夏热冬暖地区居住建筑节能设计标准》JGJ 75、《温和地区居住建筑节能设计标准》JGJ 475 等的规定。在外窗安装施工过程中，应严格按照相关工法和相关验收标准要求进行，外窗四周的密封应完整、连续，并应形成封闭的密封结构，保证外窗洞口与外窗本体的结合部位严密；外窗的现场气密性能检测与合格判定应符合现行行业标准《公共建筑节能检测标准》JGJ/T 177 或《居住建筑节能检测标准》JGJ/T 132 的规定。评价方法为：预评价查阅外窗气密性能设计文件、外窗气密性能检测报告；评价查阅外窗气密性能设计文件、外窗气密性能检测报告、外窗气密性能现场检测报告。

4 安 全 耐 久

4.1 控 制 项

4.1.1 场地应避开滑坡、泥石流等地质危险地段，易发生洪涝地区应有可靠的防洪涝基础设施；场地应无危险化学品、易燃易爆危险源的威胁，应无电磁辐射、含氡土壤的危害。

【条文说明扩展】

建筑场地与各类危险源的距离应满足相应危险源的安全防护距离等控制要求，对场地中不利地段或潜在危险源应采取必要的避让、防护或控制、治理等措施，对场地中存在的有毒有害物质应采取有效的治理措施进行无害化处理，确保符合各项安全标准要求。

场地的防洪设计应符合现行国家标准《防洪标准》GB 50201 和《城市防洪工程设计规范》GB/T 50805 的有关规定且不低于该区域的防洪、防涝的最低设防要求。

《民用建筑通用规范》GB 55031-2022

4.1.2 建筑周围环境的空气、土壤、水体等不应对人体健康构成危害。存在污染的建设场地应采取有效措施进行治理，并应达到建设用地土壤环境质量要求。

4.1.3 建筑在建设和使用过程中，应采取控制噪声、振动、眩光等污染的措施，产生的废物、废气、废水等污染物应妥善处理。

4.1.4 建筑与危险化学品及易燃易爆品等危险源的距离，应满足有关安全规定。

4.1.5 建筑场地应符合下列规定：

1 有洪涝威胁的场地应采取可靠的防洪、防内涝措施；
2 当场地标高低于市政道路标高时，应有防止客水进入场地的措施；
3 场地设计标高应高于常年最高地下水位。

《建筑环境通用规范》GB 55016-2021

5.2.1 建筑工程设计前应对建筑工程所在城市区域土壤中氡浓度或土壤表面氡析出率进行调查，并应提交相应的调查报告。未进行过区域土壤中氡浓度或土壤表面氡析出率测定的，应对建筑场地土壤中氡浓度或土壤氡析出率进行测定，并应提供相应的检测报告。

5.2.2 当建筑工程场地土壤氡浓度测定结果大于 $20000Bq/m^3$ 且小于 $30000Bq/m^3$，或土壤表面氡析出率大于 $0.05Bq/(m^2 \cdot s)$ 且小于 $0.1Bq/(m^2 \cdot s)$ 时，应采取建筑物底层地面抗开裂措施。

4 安全耐久

5.2.3 当建筑工程场地土壤氡浓度测定结果不小于 30000Bq/m³ 且小于 50000Bq/m³，或土壤表面氡析出率大于或等于 0.1Bq/(m²·s) 且小于 0.3Bq/(m²·s) 时，除应采取建筑物底层地面抗开裂措施外，还必须按一级防水要求，对基础进行处理。

5.2.4 当建筑工程场地土壤氡浓度平均值不小于 50000Bq/m³ 或土壤表面氡析出率平均值大于或等于 0.3Bq/(m²·s) 时，应采取建筑物综合防氡措施。

《建筑与市政地基基础通用规范》GB 55003-2021

2.1.10 对特殊性岩土、存在不良地质作用和地质灾害的建设场地，应查明情况，分析其对生态环境、拟建工程的影响，提出应对措施，并对应对措施的有效性进行评价。

《建筑防火通用规范》GB 55037-2022

3.1.3 甲、乙类物品运输车的汽车库、修车库、停车场与人员密集场所的防火间距不应小于 50m，与其他民用建筑的防火间距不应小于 25m；甲类物品运输车的汽车库、修车库、停车场与明火或散发火花地点的防火间距不应小于 30m。

3.2.1 甲类厂房与人员密集场所的防火间距不应小于 50m，与明火或散发火花地点的防火间距不应小于 30m。

3.2.2 甲类仓库与高层民用建筑和设置人员密集场所的民用建筑的防火间距不应小于 50m，甲类仓库之间的防火间距不应小于 20m。

3.2.3 除乙类第 5 项、第 6 项物品仓库外，乙类仓库与高层民用建筑和设置人员密集场所的其他民用建筑的防火间距不应小于 50m。

《防洪标准》GB 50201-2014

3.0.2 各类防护对象的防洪标准应根据经济、社会、政治、环境等因素对防洪安全的要求，统筹协调局部与整体、近期与长远及上下游、左右岸、干支流的关系，通过综合分析论证确定。有条件时，宜进行不同防洪标准所可能减免的洪灾经济损失与所需的防洪费用的对比分析。

《城市防洪工程设计规范》GB/T 50805-2012

1.0.3 城市防洪工程建设，应以所在江河防洪规划、区域防洪规划、城市总体规划和城市防洪规划为依据，全面规划、统筹兼顾，工程措施与非工程措施相结合，综合治理。

《城市抗震防灾规划标准》GB 50413-2007

1.0.3 城市抗震防灾规划应贯彻"预防为主，防、抗、避、救相结合"的方针，根据城市的抗震防灾需要，以人为本、平灾结合、因地制宜、突出重点、统筹规划。

《电磁环境控制限值》GB 8702-2014 中第 5 章规定的电磁环境豁免范围：

从电磁场环境保护管理角度，下列产生电场、电磁场的设施（设备）可免于管理：

——100kV 以下电压等级的交流输变电设施。

——向没有屏蔽空间发射0.1MHz~300GHz电磁场的，其等效辐射功率小于表2所列数值的设施（设备）。

表2 可豁免设施（设备）的等效辐射功率

频率范围（MHz）	等效辐射功率（W）
0.1~3	300
>3~300000	100

因此，不同的危险源对应的安全距离不同，如当拟建建筑场地存在火灾危险源的厂房或仓库时，应根据厂房或仓库的灾危险性类别，按现行国家标准《建筑防火通用规范》GB 55037、《建筑设计防火规范》GB 50016确定对应的防火间距；拟建建筑离危险品经营场所安全距离应满足现行国家标准《危险化学品经营企业安全技术基本要求》GB 18265的要求。对拟建场地曾经是危险化学品生产场地或者受化学品污染的场地，应进行专项安全治理。

【具体评价方式】

本条适用于各类民用建筑的预评价、评价。

预评价与评价均为：查阅项目区位图、场地地形图、工程地质勘察报告、场环境治理验收报告、环境影响报告书，地质灾害多发区需提供地质灾害危险性评估报告（应包含场地稳定性及场地工程建设适应性评定内容），可能涉及污染源、电磁辐射、土壤氡污染等需提供相关检测报告（根据《中国土壤氡概况》的相关划分，对于整体处于土壤氡含量低背景、中背景区域，且工程场地所在地点不存在地质断裂构造的项目，可不提供土壤氡浓度检测报告）。重点核查相关污染源、危险源的安全避让防护距离或治理措施的合理性，项目防洪工程设计是否满足所在地防洪标准要求，项目是否符合城市抗震防灾的有关要求（表4-1）。

表4-1 各类危险源控制具体评价方法

编号	要素	预评价	评价
1	防洪	1 查阅项目区位图、场地地形图，辨识防洪风险，确定是否有防洪需求（如临近山坡山谷或河道边）； 2 核查项目防洪设计是否满足国家与当地防洪标准要求。评价阶段要核查防洪设计落实情况及检测验证与验收报告，必要时现场核验	
2	地质灾害	查看工程地质勘察报告；对场地区域内存在地质灾害影响的区域，包括边坡及可能存在的滑坡、泥石流等，应核查地质灾害危险性评估报告及对应采取的措施；评价阶段要核查采取措施后的检测验证与验收报告，必要时现场核验（如某学校区域边坡地震灾害评估报告）	
3	危险源	1 核查项目区位图、环境治理验收报告、环境影响报告书、场地地形图、建筑总图，识别是否存在危险化学品及易燃易爆品等危险源； 2 核查危险源距离是否符合安全规定；核查场地内危险源治理方案，评价阶段需要核查场地内危险源治理结果的检测验证报告	

4 安全耐久

续表 4-1

编号	要素	预评价	评价
4	电磁辐射	1 核查项目区域图，场地地形图，识别辐射源； 2 当存在辐射源时，核查电磁场的设施（设备）是否在豁免范围内	
5	氡	1 核查区域土壤氡浓度或土壤表面氡析出率调查报告或建筑场地土壤中氡浓度或土壤氡析出率检测报告； 2 如超标，则需要提供对应氡治理方案及治理后验证合格报告	

4.1.2 建筑结构应满足承载力和建筑使用功能要求。建筑外墙、屋面、门窗、幕墙及外保温等围护结构应满足安全、耐久和防护的要求。

【条文说明扩展】

本条第 1 句主要是对建筑结构的承载能力极限状态和正常使用极限状态验算。结构设计应根据各种荷载组合进行承载能力极限状态和正常使用极限状态验算，设计、施工及运维等应符合国家现行相关标准的规定，包括但不限于现行强制性工程建设规范《工程结构通用规范》GB 55001、《建筑与市政工程抗震通用规范》GB 55002、《建筑与市政地基基础通用规范》GB 55003、《组合结构通用规范》GB 55004、《木结构通用规范》GB 55005、《钢结构通用规范》GB 55006、《砌体结构通用规范》GB 55007、《混凝土结构通用规范》GB 55008 等；设计应按现行相关强制性工程建设规范要求，结合建筑物及场地条件，对应国家现行相关标准规定，进行结构极限状态验算，并在结构设计文件的结构设计总说明中明确规定场地条件、设计荷载、设计工作年限、材料及构件性能要求，裂缝、变形限值及运营维护等要求。

关注场地环境类别对结构包括基础构件等影响，并应采取相应措施提高结构耐久性；同时，针对建筑运行期内可能出现的地基不均匀沉降、超载使用及使用环境影响导致的耐久性问题，包括结构构件裂缝、钢筋（材）锈蚀、混凝土剥落、化学离子腐蚀导致结构材料劣化等进行检查、维护与安全管理，使结构在设计工作年限内不因材料的劣化而影响建筑安全与正常使用。

本条第 2 句主要是对建筑围护结构。建筑外墙、屋面、门窗、幕墙及外保温等围护结构应满足安全、耐久和防护的要求。围护结构材料要具有一定的强度与稳定性，且围护结构应与建筑主体结构连接可靠，经过结构验算确定能适应主体结构在场地地震、环境风压及各种荷载工况下的承载力与变形要求，满足围护结构安全、耐久的要求。如外墙外保温可以起到保温隔热作用，但其材料本身应不易老化，且与建筑外墙构造连接可靠，避免脱落。设计图中应有完整的外围护结构设计大样，明确材料、构件、部品及连接与构造做法，门窗、幕墙的性能参数等要求。

建筑设计时，围护结构构件及其连接应按国家现行强制性工程建设规范要求进行极限状态验算，同时还应符合国家现行标准《屋面工程技术规范》GB 50345、《建筑幕墙、门窗通用技术条件》GB/T 31433、《建筑幕墙》GB/T 21086、《建筑外墙防水工程技术规程》JGJ/T 235、《外墙外保温工程技术标准》JGJ 144、《玻璃幕墙工程技术规范》JGJ 102、《建筑玻璃点支承装置》JG/T 138、《吊挂式玻璃幕墙用吊夹》JG/T 139、《金属与石材幕墙工程技术规范》JGJ 133、《塑料门窗工程技术规程》JGJ 103、《铝合金门窗工程技术规范》JGJ 214等的要求。后期运营过程中，应定期对围护结构进行检查、维护与管理，必要时进行更换处理。

围护结构往往与主体结构寿命不同，其安全与耐久很容易被忽视。围护结构的损坏，特别是围护结构与主体结构的连接破坏会直接影响建筑物的正常使用，且容易导致高空坠物。建筑围护结构防水对于建筑美观、正常使用性能和主体结构耐久性、安全性能等都有重要影响。例如：门窗与主体结构的连接不足，使门窗与围护墙体之间变形过大导致渗水甚至门窗坠落，屋面渗水容易导致屋面结构钢筋锈蚀，混凝土剥落，长期劣化影响结构安全。

围护结构尚应满足防护要求。

> 对于门窗、幕墙，应满足《民用建筑设计统一标准》GB 50352-2019的防护要求：
> 6.11.6 窗的设置应符合下列规定：
> 1 窗扇的开启形式应方便使用、安全和易于维修、清洗；
> 2 公共走道的窗扇开启时不得影响人员通行，其底面距走道地面高度不应低于2.0m；
> 3 公共建筑临空外窗的窗台距楼面净高不得低于0.8m，否则应设置防护设施，防护设施的高度由地面起算不应低于0.8m；
> 4 居住建筑临空外窗的窗台距楼面净高不得低于0.9m，否则应设置防护设施，防护设施的高度由地面起算不应低于0.9m；
> 5 当防火墙上必须开设窗洞口时，应按现行国家标准《建筑设计防火规范》GB 50016执行。
> 6.11.7 当凸窗窗台高度低于或者等于0.45m时，其防护高度从窗台面起算不应低于0.9m；当凸窗窗台高度高于0.45m时，其防护高度从台面起算不应低于0.6m。

【具体评价方式】

本条适用于各类民用建筑的预评价、评价。

预评价查阅建筑设计图、结构设计图（含总说明）、主体与围护结构计算书以及设计参数等设计文件。

评价查阅预评价涉及内容的地基基础、主体结构、外墙、屋面、门窗、幕墙、外保温等分部分项竣工文件，还查阅竣工验收合格证明及对应的主要结构用材料或者构件、部件的检测报告，特别是幕墙气密性能、水密性能、抗风压性能和平面内变形性能检测报告。投入使用的项目，尚应查阅建筑结构与围护结构后期运营管理制度、定期查验记录与维修记录等。

4.1.3 外遮阳、太阳能设施、空调室外机位、外墙花池等外部设施应与建筑主体结构统一设计、施工，并应具备安装、检修与维护条件。

4 安全耐久

【条文说明扩展】

外部设施应符合国家现行强制性工程建设规范以及国家现行标准《建筑遮阳工程技术规范》JGJ 237、《民用建筑太阳能热水系统应用技术标准》GB 50364、《建筑光伏系统应用技术标准》GB/T 51368 等的相应规定，且外部设施的结构构件及其与主体结构的连接也应按本标准第 4.1.2 条要求验算，满足承载力、正常使用极限状态要求并具有足够的耐久性，并满足国家现行规范规定的室外环境下的构件连接与构造要求，如混凝土结构室外空调板，混凝土强度等级一般不低于 C25，最外层钢筋混凝土保护层厚度按室外环境不低于 20mm。

外部设施需要定期检修和维护，因此在建筑设计时应考虑后期检修和维护条件，如设计检修通道、马道和吊篮固定端等。当与主体结构不同时施工时，应设预埋件，并在设计文件中明确预埋件的检测验证参数及要求，确保其安全性与耐久性。例如，新建或改建建筑设计时预留与主体结构连接牢固的空调外机安装位置，并与拟定的机型大小匹配，同时预留操作空间，保障安装、检修、维护人员的安全。

【具体评价方式】

本条适用于各类民用建筑的预评价、评价。

预评价查阅涉及外部设施的设计说明、计算书与结构设计大样图等设计文件。

评价查阅预评价涉及内容的设计文件与竣工文件，还根据设计图要求查阅检修和维护条件、相关检测检验报告。投入使用的项目，尚应查阅外部设施相关管理与维修记录。

4.1.4 建筑内部的非结构构件、设备及附属设施等应连接牢固并能适应主体结构变形。

【条文说明扩展】

本条规定强调建筑内部的非结构构件、设备及附属设施与主体结构的连接要牢固且不损害主体结构构件（满足承载力与耐久性要求），并适应主体结构的变形（变形协调要求）。建筑内部的非结构构件包括内部非承重墙体（砌筑填充墙、装配式内隔墙板及室内门窗），附着于楼面和墙面上的防护栏杆，装饰构件和部件，固定于楼面的大型储物架、移动式档案密集柜等；设备指建筑中为建筑使用功能服务的附属机械、电气、空调供暖等构件、部件和系统，主要包括电梯、照明和应急电源、通信设备、管道系统、供暖和空气调节系统、烟火监测和消防系统等；附属设施包括整体卫生间、固定在墙体上的橱柜、储物柜等。

现行强制性工程建设规范《民用建筑通用规范》GB 55031 中对建筑内部的非结构构件、设备及附属设施等连接与构造提出了相关要求，具体设计需要结合结构专业相关标准要求进行计算分析，在建筑、结构及设备等专业设计图中给出设计说明及运维要求、节点连接大样、连接件力学参数等。

> 《民用建筑通用规范》GB 55031-2022
>
> **2.2.4** 室内外装修不应影响建筑物结构的安全性，且应选择安全环保型装修材料。装修材料、装饰面层或构配件与主体结构的连接应安全牢固。建筑物外墙装饰面层、构件、门窗等材料及构造应安全可靠，在设计工作年限内应满足功能和性能要求，使用期间应定期维护，防止坠落。

4.1 控 制 项

> 6.2.1 墙体应根据其在建筑物中的位置、作用和受力状态确定厚度、材料及构造做法，材料的选择应因地制宜。
> 6.5.2 门窗与墙体应连接牢固，不同材料的门窗与墙体连接处应采取适宜的连接构造和密封措施。
> 6.4.1 建筑顶棚应满足防坠落、防火、抗震等安全要求，并应采取保障其安全使用的可靠技术措施。
> 6.4.2 吊顶与主体结构的吊挂应采取安全构造措施。重量大于3kg的物体，以及有振动的设备应直接吊挂在建筑承重结构上。

内部非结构构件类似砌筑填充墙、装配式内隔墙板、门窗、防护栏杆等应满足国家现行相关设计标准要求，具有一定的整体稳定性，连接构造合理且安装牢固。如砌筑填充墙与主体结构竖向承重墙柱之间需设拉结筋，并根据填充墙材料、厚度、墙体高度等情况确定是否设计钢筋混凝土构造柱与腰梁，以满足填充墙整体稳定性及抗震性能要求；装配式内隔墙板同样需要注重自身构造及与主体结构的连接，包括墙板厚度及配筋设计要求，层高比较高的墙是一板到顶还是需要上下接板连接、长墙的防开裂措施、门窗洞口边及顶部过梁的节点构造等。

设备及附属设施与主体结构的连接应按相关规范进行一体化设计与建造，满足结构承载力与变形要求；施工过程中，应对其与主体结构连接件的力学性能进行检测，验证是否满足设计要求。近年因装饰装修构部件脱落导致人员伤亡事故屡见不鲜，吊链或连接件连接失效导致吊灯掉落、吊顶脱落也时有发生，因此设备安装及室内装饰装修除应符合国家现行相关标准的规定外，还需关注其与建筑主体之间的连接性能，包括横穿结构变形缝时，应做相应的变形协调处理。

建筑内部的非结构构件、设备及附属设施等应优先采用机械固定、焊接、预埋等连接方式或一体化建造方式，实现与建筑主体结构可靠连接且不影响主体结构的安全，也防止由于个别构件破坏引起连续性破坏或倒塌。经过设计，满足承载力、耐久性和变形要求，并满足现行国家标准要求的连接方式均可以采用，但不应在梁柱节点等钢筋密集区域设膨胀螺栓。

适应主体结构的变形，主要指以下几个方面：

（1）非结构构件适应主体结构的变形。砌体填充墙适应主体结构梁、柱受力变形，以及不同材料之间因温度膨胀系数不同而产生的变形，故需要采取相应的构造要求。如除了设腰梁及构造柱之外，还需要与结构柱之间设拉结筋，不同材料之间挂纤维网或者钢丝网等；对非结构构件的装配式内墙条板，在楼面与梁（板）底连接处设L形金属限位连接卡与专用连接砂浆，墙板之间设子母槽，墙体长度超过相关规范要求的梁板下墙内部设构造柱等；对非结构构件的移动式档案密集柜，楼面需要足够的刚度，避免移动档案柜脱轨等。

（2）设备及附属设施适应主体结构变形。例如，固定的设备及附属设施不能直接横跨主体结构的变形缝；电梯竖向井道在主体结构设计工作年限内的环境风压及常遇地震作用下，能正常运行。

4 安全耐久

再要求在运营过程中应按设计与规范要求，对内部的非结构构件、设备及附属设施等进行定期检查、维修与管理。

【具体评价方式】

本条适用于各类民用建筑的预评价、评价。

预评价查阅建筑、结构设计总说明、内隔墙、设备及附属设施的布置图及设计说明，关键连接构件计算书、连接节点大样图，各连接件、配件、预埋件的材料及力学性能参数设计要求等设计文件。

评价查阅预评价涉及内容的竣工文件，还查阅材料决算清单、产品说明书、主要构件连接能力等检测报告。投入使用的项目，尚应查阅运营管理与维修记录。

4.1.5 建筑外门窗必须安装牢固，其抗风压性能和水密性能应符合国家现行有关标准的规定。

【条文说明扩展】

门窗的气密性能已经在本标准中第3.2.8条进行了规定。门窗抗风压性能和水密性能，应满足现行行业标准《塑料门窗工程技术规程》JGJ 103、《铝合金门窗工程技术规范》JGJ 214等的规定。

在满足本标准第4.1.2条的前提下，本条重点强调建筑外门窗各构件的连接设计及安装施工应牢固。门窗设计时，各构件及连接应具有足够的刚度、承载能力和一定的变位能力，且要求施工安装牢固，否则容易因抗风压变形过大导致水密性不足，引起渗水，也可能因连接失效导致窗扇脱落等问题。在门窗安装施工过程中，应严格按照设计要求、门窗施工工法和相关验收标准要求进行施工，门窗构件之间连接及门窗四周与围护结构的连接要可靠、密封应完整且连续，确保外门窗本体及其与洞口的结合部位严密。门窗产品、施工与安装质量以及门窗性能等应满足国家现行标准《建筑装饰装修工程质量验收标准》GB 50210、《建筑门窗工程检测技术规程》JGJ/T 205等的要求。

《建筑装饰装修工程质量验收标准》GB 50210-2018

6.1.2 门窗工程验收时应检查下列文件和记录：
1 门窗工程的施工图、设计说明及其他设计文件；
2 材料的产品合格证书、性能检验报告、进场验收记录和复验报告；
3 特种门及其配件的生产许可文件；
4 隐蔽工程验收记录；
5 施工记录。

6.1.3 门窗工程应对下列材料及其性能指标进行复验：
1 人造木板门的甲醛释放量；
2 建筑外窗的气密性能、水密性能和抗风压性能。

6.1.4 门窗工程应对下列隐蔽工程项目进行验收：
1 预埋件和锚固件；
2 隐蔽部位的防腐和填嵌处理；
3 高层金属窗防雷连接节点。

4.1 控制项

> 《建筑门窗工程检测技术规程》JGJ/T 205-2010
>
> 6.3.1 门窗安装连接固定质量检验应包括门窗框和扇的牢固性，门窗批水、盖口条等与门窗结合的牢固性，门窗配件的牢固性和推拉门窗扇防脱落措施等。
>
> 6.3.2 门窗框、门窗扇安装牢固性的检验可采取观察与手工相结合的方法，并应符合下列规定：
>
> 1 当手扳门窗侧框中部不松动，反复扳不晃动时，可确定门窗框安装牢固。
>
> 2 应根据设计文件或国家现行有关产品标准，检查门窗洞口与门窗框之间连接件的规格、尺寸与数量，可用游标卡尺量测连接片的厚度和宽度，可用钢卷尺量测连接片间距。
>
> 3 应检查门窗扇与门窗框之间螺钉安装的数量与质量。
>
> 4 当手扳非推拉门窗开启扇不松动时，可确定门窗扇安装牢固；手扳推拉门窗扇不脱落时，可确定防脱落措施有效。
>
> 6.3.3 门窗批水、盖口条、压缝条、密封条牢固性可通过手扳端头检验。当手扳端头不松动时，可确定为牢固。
>
> 8.4.1 既有建筑门窗修复与改造工程门窗的基本性能可分为外门窗的抗风压性能、水密性能、气密性能和门窗的隔声性能等。
>
> 8.4.2 外门窗抗风压性能的现场检测可按本规程附录C的规定采取静载检测，也可按现行行业标准《建筑外窗气密、水密、抗风压性能现场检测方法》JG/T 211中的规定方法进行检测。
>
> 8.4.3 当静载满载检测法线变形不超过国家现行有关标准限定的变形且卸载后无残余变形时，可判定该门窗可以抵抗相应风压作用。
>
> 当静载满载缝隙有明显变化时，可在满载时施加淋水检测的方法，当淋水检测出现渗漏时，可确定该门窗需要进行处理。
>
> 8.4.4 外门窗水密性能可按本规程附录B的规定采取淋水的方法进行检测，也可按现行行业标准《建筑外窗气密、水密、抗风压性能现场检测方法》JG/T 211规定的方法进行检测。
>
> 8.4.5 外门窗水密性能淋水检测与抗风压静载检测宜同时进行；当不能同时进行时，宜使门窗开启扇与框具有静载满载时相应的缝隙。

常规门窗按产品做检测，其三性检测基本在实验室进行，其执行标准是《建筑外门窗气密、水密、抗风压性能检测方法》GB/T 7106。建设单位应委托第三方检测机构按照现行国家标准《建筑外门窗气密、水密、抗风压性能检测方法》GB/T 7106进行外门窗水密及抗风压性能见证抽样检测，并提供检测报告；最低抽样原则是在各种门窗规格中，取性能最不利1组3个窗（或门）进行实验室检测验证。当对门窗工程质量有怀疑时，可建议建设单位委托第三方检测机构按现行行业标准《建筑外窗气密、水密、抗风压性能现场检测方法》JG/T 211进行现场抗风压性能及水密性能检测验证。

【具体评价方式】

本条适用于各类民用建筑的预评价、评价。

4 安全耐久

预评价可结合本标准第4.1.2条进行，查阅门窗的设计文件，包括计算书、连接及构造大样做法等，门窗的抗风压性能、水密性能和气密性能的各参数要求。

评价查阅预评价涉及内容的竣工文件，还查阅施工工法说明文件，门窗的抗风压性能、水密性能和气密性能检测报告等；现场巡查，有怀疑时，可要求建设单位委托第三方专业检测机构对门窗性能进行现场检测，检测数量不少于1组3个；投入运营之后，尚应查阅相关运营管理制度及定期查验记录与维修记录等。

4.1.6 卫生间、浴室的地面应设置防水层，墙面、顶棚应设置防潮层。

【条文说明扩展】

现行行业标准《住宅室内防水工程技术规范》JGJ 298 对防水材料、防水设计、防水施工、质量验收均有详细规定。

> 《建筑与市政工程防水通用规范》GB 55030-2022
>
> **4.6.4** 用水空间与非用水空间楼地面交接处应有防止水流入非用水房间的措施。淋浴区墙面防水层翻起高度不应小于2000mm，且不低于淋浴喷淋口高度。盥洗池盆等用水处墙面防水层翻起高度不应小于1200mm。墙面其他部位泛水翻起高度不应小于250mm。
>
> **4.6.5** 潮湿空间的顶棚应设置防潮层或采用防潮材料。
>
> **4.6.8** 采用整体装配式卫浴间的结构楼地面应采取防排水措施。
>
> 《民用建筑设计统一标准》GB 50352-2019
>
> **6.13.3** 厕所、浴室、盥洗室等受水或非腐蚀性液体经常浸湿的楼地面应采取防水、防滑的构造措施，并设排水坡坡向地漏。有防水要求的楼地面应低于相邻楼地面15.0mm。经常有水流淌的楼地面应设置防水层，宜设门槛等挡水设施，且应有排水措施，其楼地面应采用不吸水、易冲洗、防滑的面层材料，并应设置防水隔离层。
>
> 《旅馆建筑设计规范》JGJ 62-2014
>
> **5.3.1** 厨房、卫生间、盥洗室、浴室、游泳池、水疗室等与相邻房间的隔墙、顶棚应采取防潮或防水措施。
>
> **5.3.2** 厨房、卫生间、盥洗室、浴室、游泳池、水疗室等与其下层房间楼板应采取防水措施。

本条要求所有卫生间、浴室楼、地面全面做防水层，且卫生间楼、地面防水层向墙面卷边300mm以上，但淋浴区墙面防水层翻起高度不应小于2000mm，且不低于淋浴喷淋口高度，盥洗池盆等用水处墙面防水层翻起高度不应小于1200mm。防水层施工完成后应按相关规定做24小时闭水试验；考虑卫生间墙面一般粘贴瓷砖，为不影响瓷砖的粘贴性能，墙面的防水防潮做法一般与楼地面略有不同，墙面与顶棚防潮层中防水层材料及涂层厚度比楼地面防水层要放松一点；本条要求墙面、顶棚均应做防潮处理，需要明确的是设置吊顶，并不代表顶棚不再需要做防潮处理。防水层和防潮层设计应符合现行行业标准

《住宅室内防水工程技术规范》JGJ 298 的规定。整体卫生间与整体浴室产品也应满足地面防水，墙面、顶棚防潮要求，且对应位置的结构地面、墙面及顶棚也要做防水防潮处理。

【具体评价方式】

本条适用于各类民用建筑的预评价、评价。

预评价查阅相关建筑设计总说明、防水和防潮措施及技术参数要求说明。

评价查阅预评价涉及内容的竣工文件，还查阅防水和防潮相关材料的决算清单、产品说明书、防水材料使用情况及材料见证送检报告、卫生间闭水试验报告等。

4.1.7 走廊、疏散通道等通行空间应满足紧急疏散、应急救护等要求，且应保持畅通。

【条文说明扩展】

建筑应根据其高度、规模、使用功能和耐火等级等因素合理设置安全疏散和避难设施；安全出口和疏散门的位置、数量、宽度及疏散楼梯间的形式，应满足人员安全疏散的要求；走廊、疏散通道等应满足现行国家标准《建筑防火通用规范》GB 55037、《防灾避难场所设计规范》GB 51143 等对安全疏散和避难、应急交通的相关要求；对公共建筑及居住建筑的大堂设用于应急救护的电源插座。

本条重在强调保持通行空间路线畅通、视线清晰，防止对人员活动、步行交通、消防疏散埋下安全隐患。不应有阳台花池、机电箱、储物柜等凸向走廊、疏散通道，影响走廊、疏散通道的有效设计宽度，更不能部分或者全部占用疏散通道作为功能房间。

【具体评价方式】

本条适用于各类民用建筑的预评价、评价。

预评价查阅建筑设计平面图。

评价查阅预评价涉及内容的竣工文件。投入使用的项目，尚应查阅相关管理规定，及走廊、疏散通道等通行空间的现场影像资料。

4.1.8 应具有安全防护的警示和引导标识系统。

【条文说明扩展】

根据国家标准《安全标志及其使用导则》GB 2894-2008，安全标志分为禁止标志、警告标志、指令标志和提示标志四类。本条所述是指具有警示和引导功能的安全标志，应在场地及建筑公共场所和其他有必要提醒人们注意安全的场所显著位置上设置。

设置显著、醒目的安全警示标志，能够起到提醒建筑使用者注意安全的作用。警示标志一般设置于人员流动大的场所，青少年和儿童经常活动的场所，容易碰撞、夹伤、湿滑及危险的部位和场所等。比如禁止攀爬、禁止倚靠、禁止伸出窗外、禁止抛物、注意安全、注意台阶、当心碰头、当心夹手、当心玻璃、当心车辆、当心坠落、当心滑倒、当心落水等。

设置安全引导指示标志，具体包括人行导向标识，紧急出口标志、避险处标志、应急避难场所标志、急救点标志、报警点标志以及其他促进建筑安全使用的引导标志等。对地下室、停车场等还包括车行导向标识。标识设计需要结合建筑平面与建筑功能特点结合流

4 安全耐久

线，合理安排位置和分布密度。在难以确定位置和方向的流线节点上，应增加标识点位以便明示和指引。如紧急出口标志，一般设置于便于安全疏散的紧急出口处，结合方向箭头设置于通向紧急出口的通道、楼梯口等处。

> 《公共建筑标识系统技术规范》GB/T 51223-2017
> 4.4.2 人行导向标识点位的设置应符合下列规定：
> 1 在人行流线的起点、终点、转折点、分叉点、交汇点等容易引起行人对人行路线疑惑的位置，应设置导向标识点位；
> 2 在连续通道范围内，导向标识点位的间距应考虑其所处环境、标识大小与字体、人流密集程度等因素综合确定，并不应超过50m；
> 3 公共建筑应设置楼梯、电梯或自动扶梯所在位置的标识；
> 4 在不同功能区域，或进出上下不同楼层及地下空间的过渡区域应设置导向标识点位。

【具体评价方式】

本条适用于各类民用建筑的预评价、评价。

预评价查阅标识系统设计与设置说明文件。

评价查阅预评价涉及内容的竣工文件，还查阅相关影像资料等。

4.1.9 安全耐久相关技术要求应符合现行强制性工程建设规范《工程结构通用规范》GB 55001、《建筑与市政工程抗震通用规范》GB 55002、《建筑与市政地基基础通用规范》GB 55003、《组合结构通用规范》GB 55004、《木结构通用规范》GB 55005、《钢结构通用规范》GB 55006、《砌体结构通用规范》GB 55007、《混凝土结构通用规范》GB 55008、《燃气工程项目规范》GB 55009、《供热工程项目规范》GB 55010、《建筑环境通用规范》GB 55016、《建筑给水排水与节水通用规范》GB 55020、《民用建筑通用规范》GB 55031、《建筑防火通用规范》GB 55037等的规定。

【条文说明扩展】

本条为新增条文。国家现行强制性工程建设规范是建筑安全耐久最基本也是最低标准控制要求，涵盖建筑、结构、设备设施的基础安全要求。本章从安全、耐久等方面提出了评价要求，与现行强制性工程建设规范相协调，设计阶段应对照本条规定，明确相关专业适用标准和相关技术要求。

【具体评价方式】

本条适用于各类民用建筑的预评价、评价。

预评价查阅相关设计文件。

评价查阅相关竣工图、必要的影像资料等。

4.2 评 分 项

Ⅰ 安 全

4.2.1 采用基于性能的抗震设计并合理提高建筑的抗震性能，评价分值为10分。

【条文说明扩展】

基于性能的抗震设计即性能化设计仍是以现有的抗震科学水平和经济条件为前提的，一般需要综合考虑使用功能、设防烈度、结构的不规则程度和类型、结构发挥延性变形的能力、造价、震后的各种损失及修复难度等等因素。不同的抗震设防类别，其性能设计要求也有所不同。"小震不坏、中震可修、大震不倒"是一般情况的抗震性能要求。

20世纪末和21世纪初的几次大地震造成了巨大的经济损失，传统抗震设计方法（小震弹性计算＋抗震构造）显然不能满足绿色低碳高质量发展的需要。抗震设计不仅要防止结构倒塌、保证生命安全，还要考虑经济财产损失及其造成的影响。强制性工程建设规范《建筑与市政工程抗震通用规范》GB 55002-2021规定了基本性能目标的要求；《建筑抗震设计标准》GB/T 50011-2010（2024年版）、《钢结构设计标准》GB 50017-2017以及行业标准《高层建筑混凝土结构技术规程》JGJ 3-2010均对可选用的抗震性能目标进行了分级定义。

《建筑与市政工程抗震通用规范》GB 55002-2021

2.1.1 抗震设防的各类建筑与市政工程，其抗震设防目标应符合下列规定：

1 当遭遇低于本地区设防烈度的多遇地震影响时，各类工程的主体结构和市政管网系统不受损坏或不需修理可继续使用。

2 当遭遇相当于本地区设防烈度的设防地震影响时，各类工程中的建筑物、构筑物、桥梁结构、地下工程结构等可能发生损伤，但经一般性修理可继续使用；市政管网的损坏应控制在局部范围内，不应造成次生灾害。

3 当遭遇高于本地区设防烈度的罕遇地震影响时，各类工程中的建筑物、构筑物、桥梁结构、地下工程结构等不致倒塌或发生危及生命的严重破坏；市政管网的损坏不致引发严重次生灾害，经抢修可快速恢复使用。

《建筑抗震设计标准》GB/T 50011-2010（2024年版）

M.1.1 结构构件可按下列规定选择实现抗震性能要求的抗震承载力、变形能力和构造的抗震等级；整个结构不同部位的构件、竖向构件和水平构件，可选用相同或不同的抗震性能要求：

1 当以提高抗震安全性为主时，结构构件对应于不同性能要求的承载力参考指标，可按表M.1.1-1的示例选用。

表 M.1.1-1 结构构件实现抗震性能要求的承载力参考指标示例

性能要求	多遇地震	设防地震	罕遇地震
性能1	完好,按常规设计	完好,承载力按抗震等级调整地震效应的设计值复核	基本完好,承载力按不计抗震等级调整地震效应的设计值复核
性能2	完好,按常规设计	基本完好,承载力按不计抗震等级调整地震效应的设计值复核	轻~中等破坏,承载力按极限值复核
性能3	完好,按常规设计	轻微损坏,承载力按标准值复核	中等破坏,承载力达到极限值后能维持稳定,降低少于5%
性能4	完好,按常规设计	轻~中等破坏,承载力按极限值复核	不严重破坏,承载力达到极限值后基本维持稳定,降低少于10%

2 当需要按地震残余变形确定使用性能时,结构构件除满足提高抗震安全性的性能要求外,不同性能要求的层间位移参考指标,可按表 M.1.1-2 的示例选用。

表 M.1.1-2 结构构件实现抗震性能要求的层间位移参考指标示例

性能要求	多遇地震	设防地震	罕遇地震
性能1	完好,变形远小于弹性位移限值	完好,变形小于弹性位移限值	基本完好,变形略大于弹性位移限值
性能2	完好,变形远小于弹性位移限值	基本完好,变形略大于弹性位移限值	有轻微塑性变形,变形小于2倍弹性位移限值
性能3	完好,变形明显小于弹性位移限值	轻微损坏,变形小于2倍弹性位移限值	有明显塑性变形,变形约4倍弹性位移限值
性能4	完好,变形小于弹性位移限值	轻~中等破坏,变形小于3倍弹性位移限值	不严重破坏,变形不大于0.9倍塑性变形限值

《高层建筑混凝土结构技术规程》JGJ 3-2010

3.11.1 结构抗震性能设计应分析结构方案的特殊性、选用适宜的结构抗震性能目标,并采取满足预期的抗震性能目标的措施。

结构抗震性能目标应综合考虑抗震设防类别、设防烈度、场地条件、结构的特殊性、建造费用、震后损失和修复难易程度等各项因素选定。结构抗震性能目标分为A、B、C、D四个等级,结构抗震性能分为1、2、3、4、5五个水准(表3.11.1),每个性能目标均与一组在指定地震地面运动下的结构抗震性能水准相对应。

表 3.11.1 结构抗震性能目标

地震水准 \ 性能水准 \ 性能目标	A	B	C	D
多遇地震	1	1	1	1
设防烈度地震	1	2	3	4
预估的罕遇地震	2	3	4	5

3.11.2 结构抗震性能水准可按表3.11.2进行宏观判别。

表3.11.2 各性能水准结构预期的震后性能状况

结构抗震性能水准	宏观损坏程度	损坏部位			继续使用的可能性
		关键构件	普通竖向构件	耗能构件	
1	完好、无损坏	无损坏	无损坏	无损坏	不需修理即可继续使用
2	基本完好、轻微损坏	无损坏	无损坏	轻微损坏	稍加修理即可继续使用
3	轻度损坏	轻微损坏	轻微损坏	轻度损坏、部分中度损坏	一般修理后可继续使用
4	中度损坏	轻度损坏	部分构件中度损坏	中度损坏、部分比较严重损坏	修复或加固后可继续使用
5	比较严重损坏	中度损坏	部分构件比较严重损坏	比较严重损坏	需排险大修

《钢结构设计标准》GB 50017-2017

17.1.3 钢结构构件的抗震性能化设计应根据建筑的抗震设防类别、设防烈度、场地条件、结构类型和不规则性，结构构件在整个结构中的作用、使用功能和附属设施功能的要求、投资大小、震后损失和修复难易程度等，经综合分析比较选定其抗震性能目标。构件塑性耗能区的抗震承载性能等级及其在不同地震动水准下的性能目标可按表17.1.3划分。

表17.1.3 构件塑性耗能区的抗震承载性能等级和目标

承载性能等级	地震动水准		
	多遇地震	设防地震	罕遇地震
性能1	完好	完好	基本完好
性能2	完好	基本完好	基本完好～轻微变形
性能3	完好	实际承载力满足高性能系数的要求	轻微变形
性能4	完好	实际承载力满足较高性能系数的要求	轻微变形～中等变形
性能5	完好	实际承载力满足中性能系数的要求	中等变形
性能6	基本完好	实际承载力满足低性能系数的要求	中等变形～显著变形
性能7	基本完好	实际承载力满足最低性能系数的要求	显著变形

4 安全耐久

可供选定的高于一般情况的预期性能目标参考《建筑抗震设计标准》GB/T 50011—2010（2024年版），地震下可供选定的高于一般情况的预期性能目标可参考表 4-2。

表 4-2 可供选定的高于一般情况的预期性能目标

地震水准	性能 1	性能 2	性能 3	性能 4
多遇地震	完好	完好	完好	完好
设防地震	完好，正常使用	基本完好，检修后继续使用	轻微损坏，简单修理后继续使用	轻微至接近中等损坏，变形<3$[\Delta u_e]$
罕遇地震	基本完好，检修后继续使用	轻微至中等破坏，修复后继续使用	其破坏需加固后继续使用	接近严重破坏，大修后继续使用

其中性能 4 中结构总体的抗震承载力仅略高于传统抗震设计方法（小震弹性计算＋抗震构造）的要求。

前半句是要求按相关规范要求，选定性能目标，对结构进行抗震性能分析。鼓励采用新技术新材料进行抗震性能设计。

后半句是要求根据分析，合理提高抗震性能。实际操作时，在确保建筑结构满足"小震不坏、中震可修、大震不倒"一般情况的性能要求的情况下，根据项目情况，通过小震、中震、大震抗震性能分析，可以考虑对整体结构、局部部位或者关键构件及节点按更高的抗震性能目标进行设计，或者采取措施减少地震作用。局部部位或者关键构件及节点可根据建筑平面、立面的规则性、构件的重要性选取，如中小学教学楼按表 4-2 中的性能 2 设计；教学楼的楼梯间作"抗震安全岛"提高其抗震性能，提高结构转换层的框支柱、框支梁，剪力墙的底部加强层部位、结构薄弱层构件等构件的抗震性能；采取的措施包括设隔震支座（垫）、消能减震支撑、阻尼器等等。

【具体评价方式】

本条适用于各类民用建筑的预评价、评价。

预评价查阅相关结构设计文件、结构计算文件、项目抗震安全分析报告、隔震减震设计及设备参数要求。

评价查阅预评价涉及内容的竣工文件，还查阅项目抗震安全分析报告及应对措施结果，相关应对设施（如隔震减震设备）的检验报告。

4.2.2 采取保障人员安全的防护措施，评价总分值为 15 分，并按下列规则分别评分并累计：

1 采取措施提高阳台、外窗、窗台、防护栏杆等安全防护水平，得 5 分；

2 建筑物出入口均设外墙饰面、门窗玻璃意外脱落的防护措施，并与人员通行区域的遮阳、遮风或挡雨措施结合，得 5 分；

3 利用场地或景观形成可降低坠物风险的缓冲区、隔离带，得 5 分。

【条文说明扩展】

第 1 款主要是主动防坠设计，阳台、窗户、窗台、防护栏杆等均应强化防坠设计，降低坠物伤人风险。可采取外窗用高窗设计、限制窗扇开启角度、增加栏板顶部宽度、窗台与绿化种植整合设计、适度减少防护栏杆垂直杆件水平净距或者提高防护栏杆高度、安装隐形防盗网、外窗的安全防护可与金刚网纱窗等相结合的措施。防护栏杆同时需要满足抗水平力验算的要求及国家规范规定的材料最小截面厚度的构造要求。其中可量化的提高幅度达到10%及以上即可得分，特别注明的是可量化部分构件总数量，如所有栏杆高度提高10%，而不是10%的栏杆高度提高10%。外窗与金刚网纱窗结合时，需所有窗户均采用金刚网纱窗，且可以起到安全防护效果，方可得分。

特别说明的是：对住宅阳台栏杆（板），考虑强制性工程建设规范《住宅项目规范》GB 55038-2025已进一步提高要求，且住宅阳台的尺度有限，再在1.2m的基础上提高，将影响阳台的视觉效果，可不要求提高阳台栏杆（板）的高度，但外窗、窗台及外廊、内天井及上人屋面等临空处的防护栏杆（板），仍需执行"可量化的提高幅度达到10%及以上可得分"的要求。

《住宅项目规范》GB 55038-2025

4.1.15 设有阳台时，应符合下列规定：

1 阳台栏杆净高不应低于1.20m，栏杆的竖向杆件间净距不应大于0.11m，阳台栏杆应采取防止攀登的措施；

（其余款略）

4.2.8 外廊、室内回廊、内天井、室外楼梯及上人屋面等临空处应设防护栏杆，且应符合下列规定：

1 栏杆净高不应低于1.20m；

2 栏杆应有防止攀登和物品坠落的措施，栏杆竖向杆件间的净距不应大于0.11m。

《民用建筑设计统一标准》GB 50352-2019

6.7.3 阳台、外廊、室内回廊、内天井、上人屋面及室外楼梯等临空处应设置防护栏杆，并应符合下列规定：

1 栏杆应以坚固、耐久的材料制作，并应能承受现行国家标准《建筑结构荷载规范》GB 50009及其他国家现行相关标准规定的水平荷载。

2 当临空高度在24.0m以下时，栏杆高度不应低于1.05m；当临空高度在24.0m及以上时，栏杆高度不应低于1.1m。上人屋面和交通、商业、旅馆、医院、学校等建筑临开敞中庭的栏杆高度不应小于1.2m。

3 栏杆高度应从所在楼地面或屋面至栏杆扶手顶面垂直高度计算，当底面有宽度大于或等于0.22m，且高度低于或等于0.45m的可踏部位时，应从可踏部位顶面起算。

4 公共场所栏杆离地面0.1m高度范围内不宜留空。

第2、3款主要是采取被动方法降低防坠物风险，第2款系指建筑物出入口，第3款系指建筑物外墙周围。要求建筑物出入口均设外墙饰面、门窗玻璃意外脱落的防护措施，并与人员通行区域的遮阳、遮风或挡雨措施结合，同时在建筑物外墙周围采取建立护栏、缓冲区、隔离带等安全措施，消除安全隐患。

4 安全耐久

【具体评价方式】

本条适用于各类民用建筑的预评价、评价。

预评价查阅建筑专业阳台、外窗、窗台、防护栏杆设计图，建筑出入口安全防护设计图及室外场地设计图。

评价查阅预评价涉及内容的竣工文件，还查阅防护栏杆等材料与构件的检测检验报告。

4.2.3 采用具有安全防护功能的产品或配件，评价总分值为10分，并按下列规则分别评分并累计：

1 采用具有安全防护功能的玻璃，得5分；
2 采用具备防夹功能的门窗，得5分。

【条文说明扩展】

第1款主要是对玻璃，本款所述包括分隔建筑室内外的玻璃门窗、幕墙、防护栏杆等采用安全玻璃，室内玻璃隔断、玻璃护栏等采用夹胶钢化玻璃以防止自爆伤人。可参考国家现行标准《建筑用安全玻璃》GB 15763、《建筑玻璃应用技术规程》JGJ 113以及《建筑安全玻璃管理规定》(发改运行〔2003〕2116号)。

建筑物需要以玻璃作为建筑材料的下列部位必须使用安全玻璃：

(1) 7层及7层以上建筑物外开窗；
(2) 面积大于1.5m^2的窗玻璃或玻璃底边离最终装修面小于500mm的落地窗；
(3) 幕墙（全玻幕除外）；
(4) 倾斜装配窗、各类天棚（含天窗、采光顶）、吊顶；
(5) 观光电梯及其外围护；
(6) 室内隔断、浴室围护和屏风；
(7) 楼梯、阳台、平台走廊的栏板和中庭内栏板；
(8) 用于承受行人行走的地面板；
(9) 水族馆和游泳池的观察窗、观察孔；
(10) 公共建筑物的出入口、门厅等部位；
(11) 易遭受撞击、冲击而造成人体伤害的其他部位。

安全防护功能的玻璃不等于安全玻璃；同时需要防护措施与防护标识。为了尽量减少建筑用玻璃制品在受到冲击时对人体造成划伤、割伤等，在建筑中使用玻璃制品时应尽可能地采取下列措施：

(1) 选择安全玻璃制品时，充分考虑玻璃的种类、结构、厚度、尺寸，尤其是合理选择安全玻璃制品霰弹袋冲击试验的冲击历程和冲击高度级别等；
(2) 对关键场所的安全玻璃制品采取必要的其他防护措施；
(3) 关键场所的安全玻璃制品设置容易识别的标识。

第2款主要是对玻璃门窗，对于人流量大、门窗开合频繁的民用建筑的公共区域，采用可调力度的闭门器或具有缓冲功能的延时闭门器等措施，防止夹人伤人事故的发生。主要部位包括但不限于电梯门、大堂入口门、旋转门、中小学幼儿园教室推拉门窗等。

4.2 评 分 项

【具体评价方式】

本条适用于各类民用建筑的预评价、评价。

预评价查阅建筑设计说明等设计文件，安全玻璃、门窗等产品或配件的设计要求（对应相关规范要求，提出产品或者配件的设计参数）。

评价查阅预评价涉及内容的竣工文件，还查阅材料决算清单，安全玻璃、门窗等产品或配件的型式检验报告（对应参数应符合设计要求），进场产品或配件的第三方检测检验报告。

4.2.4 室内外地面或路面设置防滑措施，评价总分值为 10 分，并按下列规则分别评分并累计：

  1 建筑出入口及平台、公共走廊、电梯门厅、厨房、浴室、卫生间等设置防滑措施，防滑等级不低于现行行业标准《建筑地面工程防滑技术规程》JGJ/T 331 规定的 B_d、B_w 级，得 3 分；

  2 建筑室内外活动场所采用防滑地面，防滑等级达到现行行业标准《建筑地面工程防滑技术规程》JGJ/T 331 规定的 A_d、A_w 级，得 4 分；

  3 建筑坡道、楼梯踏步防滑等级达到现行行业标准《建筑地面工程防滑技术规程》JGJ/T 331 规定的 A_d、A_w 级或按水平地面等级提高一级，并采用防滑条等防滑构造技术措施，得 3 分。

【条文说明扩展】

防滑等级与干湿分区及工程部位有关，行业标准《建筑地面工程防滑技术规程》JGJ/T 331-2014，明确了湿态防滑等级 A_w、B_w、C_w、D_w 与防滑值 BPN，干态防滑等级 A_d、B_d、C_d、D_d 与 COF 静摩擦系数等量化对应关系及检测方法；在验收章节中，规定了地面防滑工程检验批等划分方法等。随着老龄化社会到来，对建筑室外及楼地面对防滑的要求也越来越高。

设计文件应明确建筑出入口及平台、公共走廊、电梯门厅、厨房、浴室、卫生间、室内外活动场所、建筑坡道、楼梯踏步等防滑设计部位、防滑设计规范依据及防滑安全等级要求；项目建设单位应委托专业检测机构对设计要求进行检测验证。特别明确陶瓷砖按国家标准《陶瓷砖》GB/T 4100-2015 检测标准检测的防滑系数不小于 0.5，并不代表满足本条的相关规定。

第 3 款中"按水平地面等级提高一级，并采用防滑条等防滑构造技术措施"是指建筑坡道、楼梯踏步采用满足本条第 1 款水平地面防滑等级要求的饰面层，并在楼梯踏步饰面层上设防滑条、坡道饰面层上刻防滑痕等构造技术处理措施，视同提高一级。

> 《建筑地面工程防滑技术规程》JGJ/T 331-2014
>
>   3.0.3 建筑地面防滑安全等级应分为四级。室外地面、室内潮湿地面、坡道及踏步防滑值应符合表 3.0.3-1 的规定，检测方法应符合本规程附录 A.1 的规定；室内干态地面静摩擦系数应符合表 3.0.3-2 的规定，检测方法应符合本规程附录 A.2 的规定。

4 安全耐久

表3.0.3-1 室外及室内潮湿地面湿态防滑值

防滑等级	防滑安全程度	防滑值BPN
A_w	高	$BPN \geq 80$
B_w	中高	$60 \leq BPN < 80$
C_w	中	$45 \leq BPN < 60$
D_w	低	$BPN < 45$

表3.0.3-2 室内干态地面静摩擦系数

防滑等级	防滑安全程度	静摩擦系数COF
A_d	高	$COF \geq 0.70$
B_d	中高	$0.60 \leq COF < 0.70$
C_d	中	$0.50 \leq COF < 0.60$
D_d	低	$COF < 0.50$

【具体评价方式】

本条适用于各类民用建筑的预评价、评价。

预评价查阅建筑设计说明、防滑构造做法等设计文件。

评价查阅预评价涉及内容的竣工文件，还查阅地面防滑有关检测检验报告。

4.2.5 采取人车分流措施，且步行和自行车交通系统有充足照明，评价分值为8分。

【条文说明扩展】

人车分流将行人和机动车完全分离开，互不干扰，非紧急情况下人员主要活动区域不允许机动车进入，充分保障行人尤其是老人和儿童的安全。提供完善的人行道路网络可鼓励公众步行，也是建立以行人为本的城市的先决条件。

夜间行人的不安全感和实际存在的危险与道路等行人设施的照度水平和照明质量密切相关。步行和自行车交通系统照明应以路面平均水平照度最低值、最小水平和垂直照度、最小半柱面照度为评价指标，其照度值应不低于现行强制性工程建设规范《建筑环境通用规范》GB 55016对"健身步道"的照度要求。"步行和自行车交通系统"所指道路类型不包括建筑小区草坪间的小路。

《建筑环境通用规范》GB 55016-2021

3.4.1 室外公共区域照度值和一般显色指数应符合表3.4.1的规定。

表3.4.1 室外公共区域照度值和一般显色指数

场所		平均水平照度最低值 $E_{h,av}$ (lx)	最小水平照度 $E_{h,min}$ (lx)	最小垂直照度 $E_{v,min}$ (lx)	最小半柱面照度 $E_{sc,min}$ (lx)	一般显色指数最低值
道路	主要道路	15	3	5	3	60
	次要道路	10	2	3	2	60
	健身步道	20	5	10	5	60
活动场地		30	10	10	5	60

注：水平照度的参考平面为地面；垂直照度和半柱面照度的计算点或测量点高度为1.5m。

【具体评价方式】

本条适用于各类民用建筑的预评价、评价。

预评价查阅总平面图、道路流线分析图等人车分流专项设计文件、道路照明设计文件。

评价查阅预评价涉及内容的竣工文件,还查阅道路照度现场检测报告等。

Ⅱ 耐 久

4.2.6 采取提升建筑适变性的措施,评价总分值为18分,并按下列规则分别评分并累计:

 1 采取通用开放、灵活可变的使用空间设计,或采取建筑使用功能可变措施,得7分;

 2 建筑结构与建筑设备管线分离,得7分;

 3 采用与建筑功能和空间变化相适应的设备设施布置方式或控制方式,得4分。

【条文说明扩展】

建筑适变性包括建筑的适应性和可变性。适应性是指使用功能和空间的变化潜力,可变性是指结构和空间的形态变化。除走廊、楼梯、电梯井、卫生间、厨房、设备机房、公共管井、消防前室等以外的地上室内空间均应视为"可适变空间",有特殊隔声、防护及特殊工艺需求的空间不计入。此外,作为商业、办公用途的地下空间也应视为"可适变的室内空间",其他用途的地下空间可不计入。

第1款,其目的是避免室内空间重新布置或者建筑功能变化时对原结构进行局部拆除或者加固处理,可采取的措施包括:

(1)楼面采用大开间和大进深结构布置;

(2)灵活布置内隔墙;

(3)提高楼面活荷载取值,活荷载取值根据其建筑功能要求对应高于强制性工程建设规范《工程结构通用规范》GB 55001-2021 表 4.2.2 中规定值的 25%,且不少于 $1kN/m^2$,表中规定的楼面活荷载值超过 $4.5kN/m^2$ 时,可以不再提高。$1kN/m^2$ 是基于增加轻质隔墙后,估算的楼面平均荷载增量;

(4)其他可证明满足功能适变的措施。

特别提出,住宅一般以"户"为单位,可采取的适变措施包括考虑户内居室的可转换性及转换后的使用舒适性,如2居室可转换为3居室,3居室可转换为2居室,即满足上述第(2)项;结构布置时,墙、柱、梁的布置不影响居室转换且卧室中间不露梁、柱,即满足上述第(1)项;结构计算时,提高楼面活荷载取值,即满足上述第(3)项等;对小户型,随着经济发展,人居住房面积增加,也可以2个小户型合并适变为一个户型的情况,适变后能满足常规使用舒适性的要求。

第2款,根据行业标准《装配式住宅建筑设计标准》JGJ/T 398-2017 的规定,管线分离是建筑结构体中不埋设设备及管线,将设备及管线与建筑结构体相分离的方式。建筑

4 安全耐久

结构不仅仅指建筑主体结构，还包括外围护结构和公共管井等可保持长久不变的部分。除了采用支撑体和填充体相分离的建筑体系（SI体系）的装配式建筑可认定实现了建筑主体结构与建筑设备管线分离之外，其他可采用的技术措施包括：

（1）墙体与管线分离，或采用轻质隔墙、双层贴面墙；双层贴面墙的墙内侧设装饰壁板，架空空间用来安装敷设电气管线、开关、插座使用；对外墙架空空间可同时整合内保温工艺。

（2）设公共管井，集中布置设备主管线；卫生间架空地面上设同层排水，设双层天棚等，可方便敷设设备管线。

（3）室内地板下面采用次级结构支撑，方便设备管线的敷设。对公共建筑，也可直接在结构天棚下合理布置管线，采用明装方式。

本款要求所有管线布置均满足才能得分。

第3款，能够与第1款中建筑功能或空间变化相适应的设备设施布置方式或控制方式，既能够提升室内空间的弹性利用，也能够提高建筑使用时的灵活度。比如家具、电器与隔墙相结合，满足不同分隔空间的使用需求；或采用智能控制手段，实现设备设施的升降、移动、隐藏等功能，满足某一空间的多样化使用需求；还可以采用可拆分构件或模块化布置方式，实现同一构件在不同需求下的功能互换，或同一构件在不同空间的功能复制。以上所有变化，均不需要改造主体及围护结构。具体实施可表现为：

（1）平面布置时，设备设施的布置及控制方式满足建筑空间适变后要求，无须大改造即可满足使用舒适性及安全要求；如层内或户内水、强弱电、供暖通风设施、管井及分户计量控制箱位置的不改变即可满足建筑适变的要求。

（2）设备空间模数化设计，设备设施模块化布置，便于拆卸、更换等；包括整体厨卫、标准尺寸的电梯等。

（3）对公共建筑，采用可移动、可组合的办公家具、隔断等，形成不同的办公空间，方便长短期的不同人群的移动办公需求。

第2、3款是为了更好地满足第1款适变的要求。

【具体评价方式】

本条适用于各类民用建筑的预评价、评价。

预评价查阅建筑适变性提升措施的专项设计说明及建筑、结构、设备及装修相关设计文件，重点审核措施的合理性。

评价查阅预评价涉及内容的竣工文件，及建筑适变性提升措施的专项设计说明。投入使用后曾变换功能和空间的项目，专项设计说明中尚应说明建筑适变性提升措施的具体应用效果。

4.2.7 采取提升建筑部品部件耐久性的措施，评价总分值为10分，并按下列规则分别评分并累计：

  1 使用耐腐蚀、抗老化、耐久性能好的管材、管线、管件，得5分；

  2 活动配件选用长寿命产品，并考虑部品组合的同寿命性；不同使用寿命的部品组合时，采用便于分别拆换、更新和升级的构造，得5分。

4.2 评分项

【条文说明扩展】

第1款主要是对管材、管线、管件，全数均要求耐腐蚀、抗老化、耐久性能好。室内给水系统，可采用耐腐蚀、抗老化、耐久等综合性能好的不锈钢管、铜管、塑料管道，其耐久性能应优于强制性工程建设规范《建筑给水排水与节水通用规范》GB 55020-2021 的第3.4.2条和第4.1.1条的要求，同时应符合现行国家标准《建筑给水排水设计标准》GB 50015 对给水系统管材选用规定等。

为体现耐腐蚀、抗老化、耐久性好的特点，要求在上述标准的基础上，其性能有相应提高。如聚烯烃管道的氧化诱导时间需满足相应产品标准氧化诱导时间要求的1.5倍；聚氯乙烯雨落水管材拉伸强度保留率按现行行业标准《建筑用硬聚氯乙烯（PVC-U）雨落水管材及管件》QB/T 2480 检测，不小于90%，提高幅度10%。电气系统，可采用低烟低毒阻燃型线缆、矿物绝缘类不燃性电缆、耐火电缆等，且导体材料采用铜芯。注意，管材、管线、管件不仅涉及给水和电气，还包括排水、暖通、燃气等。室外设备、管道及支架走道等设施应采取防腐耐老化措施。选用的管材、管线、管件均应优于国家现行相关标准规定的参数要求。为了防止电化学腐蚀，当利用建筑物基础作为接地装置时，埋在土壤内的外接导体应采用铜质材料或不锈钢材料，不应采用热浸镀锌钢材。

第2款，活动配件指建筑的各种五金配件、管道阀门、开关龙头等，选用长寿命的优质产品，当不同使用寿命的部品组合时，采用便于分别拆换、更新和升级的构造，为维护、更换操作提供方便条件。门窗、钢质户门、遮阳、水嘴、阀门等典型活动配件应符合相应绿色建材标准中相关耐久性指标的要求。没有相应标准的，可选用同类寿命较好产品。部分常见的耐腐蚀、抗老化、耐久性能好的部品部件及要求见表4-3。

表 4-3 部分常见的耐腐蚀、抗老化、耐久性能好的部品部件及要求

常见类型	耐久性要求
门窗	产品反复启闭性能达到相应绿色建材标准要求
钢制户门	产品反复启闭性能达到相应绿色建材标准要求
遮阳	产品机械耐久性达到相应绿色建材标准要求
水嘴	产品寿命达到相应绿色建材标准要求
阀门	产品寿命达到相应绿色建材标准要求

【具体评价方式】

本条适用于各类民用建筑的预评价、评价。

预评价查阅建筑、给水排水、电气、燃气、装修等专业设计说明，部品部件的耐久性设计性能参数要求。

评价查阅预评价涉及内容的竣工文件，还查阅材料决算清单、产品说明书及型式检验报告（对应性能参数应符合设计要求），进场产品或配件的第三方检测检验报告。投入使用的项目，尚应查阅运营管理制度及定期查验记录与维修记录等。

4.2.8 提高建筑结构材料的耐久性，评价总分值为10分，并按下列规则评分：

1 按100年进行耐久性设计，得10分。

4 安全耐久

2 采用耐久性能好的建筑结构材料，满足下列条件之一，得10分：

1）对于混凝土构件，提高钢筋保护层厚度或采用高耐久混凝土；

2）对于钢构件，采用耐候结构钢或耐候型防腐涂料；

3）对于木构件，采用防腐木材、耐久木材或耐久木制品。

【条文说明扩展】

第1款，按100年进行耐久性设计，可在造价提高有限的情况下提高结构综合性能，减少后期检测维修工程量，目前市政桥梁、隧道等均按100年耐久性设计。对于混凝土构件，按照现行国家标准《混凝土结构耐久性设计标准》GB/T 50476要求，结合所处的环境类别、环境作用等级，按对应设计工作年限100年的相应要求（钢筋保护层、混凝土强度等级、最大水胶比等）进行混凝土结构设计和材料选用，可得分。对于钢构件、木构件，可相应采取比现行标准更严格的防护措施，如适当提高防护厚度、提高防护时间等，满足设计工作年限100年的要求，可得分。

第2款主要是建筑结构材料的耐久性能，具体如下：

（1）高耐久混凝土是具有高强度、高耐久性、高稳定性、低渗透性的混凝土，其抗压强度在80MPa以上，抗渗性能指标达到0.1mm/min以下，耐久性能指标达到50年以上。设计需要结合项目情况，提出各项性能指标的合理要求及对应的检测与试验参数要求。针对混凝土结构，混凝土保护层对钢筋具有保护作用，但混凝土碳化会降低混凝土的碱度，破坏钢筋表面的钝化膜，使混凝土失去对钢筋的保护作用，给混凝土中钢筋锈蚀带来不利影响；且混凝土表面碳化随着时间的延长，其碳化深度也会逐渐加深，因此混凝土保护层厚度对混凝土结构的耐久性有很大影响。提高混凝土结构构件的保护层厚度，可有效提高混凝土结构的耐久性；本款要求，按现行国家标准《混凝土结构设计标准》GB/T 50010对应混凝土构件的混凝土保护层厚度均提高5mm即可得分。

（2）耐候结构钢是指满足现行国家标准《耐候结构钢》GB/T 4171要求的钢材；耐候型防腐涂料是指符合现行行业标准《建筑用钢结构防腐涂料》JG/T 224的Ⅱ型面漆和长效型底漆。当采用耐候型防护涂料体系时，应符合现行国家标准《色漆和清漆 防护涂料体系对钢结构的防腐蚀保护 第5部分：防护涂料体系》GB/T 30790.5的相关要求。对于钢结构建筑，采用耐候钢或耐候型防腐涂料即可得分。

（3）根据国家标准《多高层木结构建筑技术标准》GB/T 51226-2017，多高层木结构建筑采用的结构木材可分为方木、原木、规格材、层板胶合木、正交胶合木、结构复合木材、木基结构板材以及其他结构用锯材，其材质等级应符合现行国家标准《木结构通用规范》GB 55005、《木结构设计标准》GB 50005的有关规定。

根据现行国家标准《木结构设计标准》GB 50005，所有在室外使用，或与土壤直接接触的木构件，应采用防腐木材。在不直接接触土壤的情况下，可采用其他耐久木材或耐久木制品。

需要特别说明的两点：

对于混合结构建筑，如单体建筑结构中既有混凝土结构，也有钢结构，甚至还有木结构，其对应第2款中各项均应同时满足才能得分，否则不得分；

混合结构中，其中型钢混凝土结构（混凝土包钢）满足第1项即可得分；钢管混凝土结构（钢包混凝土）满足第 2 项即可得分。

【具体评价方式】

本条适用于各类民用建筑的预评价、评价。

预评价查阅结构施工图、建筑施工图及工程地质勘察报告，重点审核建筑结构形式、耐久性设计年限，以及各类结构构件材料的耐久性设计要求。

评价查阅预评价涉及内容的竣工文件，重点审核建筑结构形式、材料耐久性设计要求；还查阅材料决算清单及计算书、材料见证送检报告、相关产品说明及检测报告，重点审核钢筋保护层厚度、高耐久混凝土、耐候结构钢或耐候型防腐涂料、防腐木材、耐久木材或耐久木制品等耐久性建筑结构材料的使用情况。投入使用的项目，尚应查阅运营管理制度及定期查验记录与维修记录等。

4.2.9 合理采用耐久性好、易维护的装饰装修建筑材料，评价总分值为 9 分，并按下列规则分别评分并累计：

   1 采用耐久性好的外饰面材料，得 3 分；
   2 采用耐久性好的防水和密封材料，得 3 分；
   3 采用耐久性好、易维护的室内装饰装修材料，得 3 分。

【条文说明扩展】

采用的外饰面材料（如金属复合装饰材料、外墙涂料等）、防水和密封材料（如防水卷材、防水涂料、密封胶等）、室内装饰装修材料（如陶瓷砖、内墙涂料、地坪涂料、集成墙面、吊顶系统等）应符合相应绿色建材标准耐久性指标的要求。如《绿色建材评价 墙面涂料》T/CECS 10039-2019 中的"表 1 水性墙面涂料评价指标要求"中有包括耐人工气候老化性、耐沾污性、耐洗刷性和其他性能等品质属性要求，外墙采用水性墙面涂料，满足该标准的各个星级的要求均可等分。

采用清水混凝土可减少装饰装修材料用量，减轻建筑自重，是一种提升装饰装修耐久性的措施，因此在本条中鼓励项目结合实际情况合理使用清水混凝土，既可用于建筑外立面，也可用于室内装饰装修。

【具体评价方式】

本条适用于各类民用建筑的预评价、评价。

预评价查阅装修材料表、装修施工图中的装修材料种类及技术要求，必要时核查材料预算清单、建筑设计图纸等相关说明文件。

评价查阅预评价涉及内容的竣工文件，还查阅材料决算清单及材料采购文件、材料性能检测报告等耐久性证明材料等。对于已进行二次装修或更新改造的项目，还应查阅相关采购记录文件中材料及对应的检测报告。投入使用的项目，尚应查阅运营管理制度及定期查验记录与维修记录等。

5 健康舒适

5.1 控制项

5.1.1 室内空气中的氨、甲醛、苯、总挥发性有机物、氡等污染物浓度应符合现行国家标准《室内空气质量标准》GB/T 18883 的有关规定。建筑室内和建筑主出入口处应禁止吸烟，并应在醒目位置设置禁烟标志。

【条文说明扩展】

本条第 1 句主要对室内空气污染物提出要求。国家标准《室内空气质量标准》GB/T 18883-2022 规定如表 5-1 所示：

表 5-1 室内空气质量标准

污染物	单位	标准值	备注
氨 NH_3	mg/m^3	0.20	1 小时均值
甲醛 HCHO	mg/m^3	0.08	1 小时均值
苯 C_6H_6	mg/m^3	0.03	1 小时均值
总挥发性有机物 TVOC	mg/m^3	0.60	8 小时均值
氡 ^{222}Rn	Bq/m^3	300	年平均值

项目在设计时即应采取措施，对室内空气污染物浓度进行预评估，预测工程建成后室内空气污染物的浓度情况，指导建筑材料的选用和优化。预评价时，应综合考虑建筑情况、室内装修设计方案、装修材料的种类、使用量、室内新风量、环境温度等诸多影响因素，以各种装修材料、家具制品主要污染物的释放特征（如释放速率）为基础，以"总量控制"为原则。依据装修设计方案，选择典型功能房间（卧室、客厅、办公室等）使用的主要建材（3～5 种）及固定家具制品，对室内空气中甲醛、苯、总挥发性有机物的浓度水平进行预评估。其中建材污染物释放特性参数及评估计算方法可参考现行行业标准《住宅建筑室内装修污染控制技术标准》JGJ/T 436 和《公共建筑室内空气质量控制设计标准》JGJ/T 461 的相关规定。

评价时，应选取每栋单体建筑中具有代表性的典型房间进行采样检测，采样和检验方法应符合现行国家标准《室内空气质量标准》GB/T 18883 的相关规定，抽检量的要求参照国家标准《民用建筑工程室内环境污染控制标准》GB 50325-2020 的要求，即采样的房间数量不少于房间总数的 5%，且每个单体建筑不少于 3 间；对于有特殊要求的房间，如幼儿园、学校教室、老人照料房屋，如国家现行标准有更高要求，参照高要求执行。

5.1 控 制 项

本条第 2 句是禁烟要求。本条所述的建筑室内，主要指的是公共建筑室内和住宅建筑（含宿舍建筑）内的公共区域。

【具体评价方式】

本条适用于各类民用建筑的预评价、评价。预评价时，非全装修项目不参评；全装修项目，第 1 句可仅对装修空间空气中的甲醛、苯、总挥发性有机物 3 类进行浓度预评估，第 2 句按要求执行。评价时，非全装修项目投入使用之前，符合现行强制性工程建设规范《建筑环境通用规范》GB 55016 的有关规定，视为本条达标；其余情况均按本条要求执行。

预评价查阅建筑设计文件，建筑及装修材料使用说明（种类、用量）、禁止吸烟措施说明文件，污染物浓度预评估分析报告。

评价查阅预评价涉及内容的竣工文件、建筑及装修材料使用说明（种类、用量）、禁止吸烟措施说明文件，污染物浓度预评估分析报告，室内空气质量检测报告，禁烟标志的现场影像资料和当地管理部门或业主制定的禁烟规章制度。

5.1.2 应采取措施避免厨房、餐厅、打印复印室、卫生间、地下车库等区域的空气和污染物串通到其他空间；应防止厨房、卫生间的排气倒灌。

【条文说明扩展】

厨房、餐厅、打印复印室、卫生间、地下车库等区域都是建筑室内的污染源空间，如不进行合理设计，会导致污染物串通至其他空间，进而影响人的健康。因此，不仅要将这些污染源空间与其他空间进行合理隔断，还要采取可靠的排风措施形成合理的气流组织，避免污染物扩散。例如，将厨房和卫生间设置于建筑单元（或户型）自然通风的负压侧，并保证一定的压差，防止气味和污染物进入室内其他空间从而影响室内空气质量。或对室内污染源空间设置机械排风，在产生污染物的时候保持持续负压，这种情况下应注意机械排放的取风口和排风口位置，避免短路或引入外部污染。对于地下车库，其排风口应做消声处理，并布置在主导风的下风向，与所有建筑的出入口、新风进气口和可开启扇的距离不少于 10m。当排风口与人员活动场所的距离小于 10m 时，朝向人员活动场所的排风口底部距人员活动地坪的高度不应小于 2.5m。

为防止厨房、卫生间的排气倒灌，厨房和卫生间宜设置竖向排风道，并设置机械排风，保证负压。厨房和卫生间的排气道设计应符合国家现行标准《民用建筑供暖通风与空气调节设计规范》GB 50736、《住宅设计规范》GB 50096、《建筑设计防火规范》GB 50016、《民用建筑设计统一标准》GB 50352、《住宅排气管道系统工程技术标准》JGJ/T 455 等的规定。排气道的断面、形状、尺寸和内壁应有利于排烟（气）通畅，防止产生阻滞、涡流、串烟、漏气和倒灌等现象。其他措施还有安装止回排气阀、防倒灌风帽等。止回排气阀的各零件部品表面应平整，不应有裂缝、压坑及明显的凹凸、锤痕、毛刺、孔洞等缺陷。

除地下车库以外的室内污染源空间，在具备条件时应采取隔断措施，形成污染源封闭空间。对于未进行土建和装修一体化施工的项目，应预留排风设备安装条件。

《民用建筑供暖通风与空气调节设计规范》GB 50736-2012

6.3.4（4） （住宅）厨房、卫生间宜设竖向排风道，竖向排风道应具有防火、防倒灌及均匀排气的功能，并应采取防止支管回流和竖井泄漏的措施。顶部应设置方式室外风倒灌装置。

6.3.5（5） （公共厨房）排风罩、排油烟风道及排风机设置安装应便于油、水的收集和油污清理，且应采取防止油烟气味外溢的措施。

6.3.6（1） 公共卫生间应设置机械排风系统。公共浴室宜设气窗；无条件设气窗时，应设独立的机械排风系统。应采取措施保证浴室、卫生间对更衣室以及其他公共区域的负压。

【具体评价方式】

本条适用于各类民用建筑的预评价、评价。

预评价查阅全部污染源空间的通风设计说明及施工图、关键设备参数表等设计文件，气流组织模拟分析报告。重点检查打印复印室等体量较小空间的通风设计。

评价查阅预评价涉及内容的竣工文件，还需查阅气流组织模拟分析报告、相关产品性能检测报告或质量合格证书。

5.1.3 给水排水系统的设置应符合下列规定：

1 生活饮用水水质应满足现行国家标准《生活饮用水卫生标准》GB 5749的要求；

2 应制定水池、水箱等储水设施定期清洗消毒计划并实施，且生活饮用水储水设施每半年清洗消毒不应少于1次；

3 应使用构造内自带水封的便器，且其水封深度不应小于50mm；

4 非传统水源管道和设备应设置明确、清晰的永久性标识。

【条文说明扩展】

第1款，现行国家标准《生活饮用水卫生标准》GB 5749规定了生活饮用水水质要求、生活饮用水水源水质要求、集中式供水单位卫生要求、二次供水卫生要求、涉及生活饮用水卫生安全的产品卫生要求、水质检验方法。生活饮用水水质指标包括微生物指标、毒理指标、感官性状和一般化学指标、放射性指标、消毒剂指标，而这些指标又分为常规指标和扩展规指标。常规指标指能反映生活饮用水水质基本状况的指标；扩展指反映地区生活饮用水水质特征及在一定时间内或特殊情况下水质状况的指标。

第2款，现行国家标准《二次供水设施卫生规范》GB 17051规定了建筑生活饮用水二次供水设施的卫生要求和水质卫生要求。主要涉及二次供水设施的设计、生产、安装、使用、维护和管理的卫生要求。生活饮用水储水设施包括生活饮用水供水系统储水设施、集中生活热水储水设施、储有生活用水的消防储水设施、冷却用水储水设施、游泳池及水景平衡水箱（池）等。生活饮用水储水设施的设计与运行管理应满足现行国家标准《二次供水设施卫生规范》GB 17051的规定。生活饮用水储水设施清洗、消毒后应即刻采集水样，对水质进行检验，检测结果应符合现行国家标准《生活饮用水卫生标准》GB 5749 的规定。

第 3 款，选用构造内自带水封的便器，包括大便器和小便器，应满足国家现行标准《卫生陶瓷》GB 6952 和《节水型生活用水器具》CJ/T 164 的要求。

第 4 款，建筑内非传统水源管道及设备的标识设置可参考现行国家标准《工业管道的基本识别色、识别符号和安全标识》GB 7231、《建筑给水排水及采暖工程施工质量验收规范》GB 50242 中的相关要求，如：在管道上设色环标识，两个标识之间的最小距离不应大于 10m，所有管道的起点、终点、交叉点、转弯处、阀门和穿墙孔两侧等的管道上和其他需要标识的部位均应设置标识，标识由系统名称、流向等组成，标识系统名称应与项目设计文件图例相对应，标识设计应有具体详细要求，能够指导施工实施，设置的标识字体、大小、颜色应方便辨识，且应为永久性的标识，避免标识随时间褪色、剥落、损坏。

【具体评价方式】

本条适用于各类民用建筑的预评价、评价。在生活饮用水水质符合现行国家标准《生活饮用水卫生标准》GB 5749 规定的前提下，若建筑未设置生活饮用水储水设施，本条第 1 款直接通过。

预评价查阅市政供水的水质检测报告，报告要求包含全部常规指标及项目所在地实施的扩展指标（可用同一水源邻近项目一年以内的水质检测报告代替）；项目所在地生活饮用水扩展指标实施规定说明；给水排水施工图设计说明，要求包含生活饮用水水质的要求、生活饮用水储水设施清洗消毒要求、对便器构造内自带水封要求的说明、非传统水源管道和设备标识设置说明。

评价查阅预评价涉及内容的竣工文件，包含生活饮用水水质的要求、采用的构造内自带水封便器的产品说明、生活饮用水储水设施清洗消毒要求说明；项目生活饮用水的水质检测报告，报告至少应包含水源（市政供水、自备井水等）、水处理设施出水及最不利用水点的全部常规指标及项目所在地实施的扩展指标；项目所在地生活饮用水扩展指标实施规定说明；非传统水源管道和设备标识设置说明，重点审核现场标识的实际落实情况。已投入使用的项目，尚应查阅项目储水设施清洗消毒管理制度、储水设施清洗消毒工作记录（含清洗委托合同、清洗后的水质检测报告）。

5.1.4 建筑声环境设计应符合下列规定：

1 场地规划布局和建筑平面设计时应合理规划噪声源区域和噪声敏感区域，并应进行识别和标注；

2 外墙、隔墙、楼板和门窗等主要建筑构件的隔声性能指标不应低于现行国家标准《民用建筑隔声设计规范》GB 50118 的规定，并应根据隔声性能指标明确主要建筑构件的构造做法。

【条文说明扩展】

改善建筑声环境对使用者的健康是非常必要的，建筑的室内声环境控制是项系统工程，既可能受到场地外部噪声源的影响，也可能受到建筑内部设备噪声源和工作生活产生噪声的影响。因此建筑声环境设计应从规划布局和建筑平面降噪设计、室内噪声级控制、提高围护结构隔声能力等各方面进行综合控制，减少噪声对人体健康的影响。

第1款规定的是在项目规划布局、建筑平面设计时，应有利于达到良好的声学效果。规划布局时，在噪声源与噪声敏感建筑物之间布置噪声不敏感建筑和景观绿化带、设置隔声屏障等；建筑平面设计时，噪声敏感区域和产生噪声区域分区集中布置，用交通区域和混合区域分割噪声敏感区域和产生噪声区域，均是较好的防噪设计方法，如产生噪声区域直接毗邻噪声敏感区域则需调整建筑平面布局或提供完整的隔声降噪解决方案。

为了实现项目降噪规划设计，在项目规划布局和建筑总平面设计时，应识别噪声源（如交通干线、换热站等）、噪声敏感建筑物（如住宅楼、病房楼、客房楼等）、噪声不敏感建筑物（如食堂、商业建筑）、降噪措施（如绿化带、隔声屏障）；应在建筑总平面图中用不同颜色色块进行声学分区标注，噪声源用红色色块标注、噪声不敏感建筑物用黄色色块标注、降噪措施用蓝色色块标注、噪声敏感建筑物用绿色色块标注。

在建筑平面设计时，识别噪声源区域（如设备机房、健身房、厨房等）、噪声敏感区域（如：卧室、病房、客房等）、混合区域（如开放办公区、会议区等）、交通区域（如大堂、中庭、走廊、楼梯等）；在建筑标准层平面图或其他类似图纸中用不同颜色色块进行声学分区标注，产生噪声区域用红色色块标注、混合区域用黄色色块标注、交通区域用蓝色色块标注、噪声敏感区域用绿色色块标注。

第2款规定的是绿色建筑项目应明确外墙、隔墙、楼板和门窗等主要建筑构件的隔声性能指标，外墙、隔墙和门窗的隔声性能指空气声隔声性能；楼板的隔声性能除了空气声隔声性能之外，还包括撞击声隔声性能。主要建筑构件的隔声性能指标需要通过具体的构造做法来实现，因此本款要求明确主要建筑构件的构造做法。本款作为控制项要求，规定外墙、隔墙、楼板和门窗等主要建筑构件隔声性能指标为在实验室测得的隔声性能指标，含空气声隔声性能和撞击声隔声性能两种类型。若能提供相应建筑设计图集证明文件或建筑构件实验室隔声性能检测报告等证明文件，无须进行现场隔声性能检测。但是建筑实际隔声效果不仅与设计选型有关系，还与施工工艺等有关，因此在评分项第5.2.7条中，规定的均为现场实测的隔声性能。

【具体评价方式】

本条适用于各类民用建筑的预评价、评价。

预评价第1款查阅建筑总平面声学分区标注图、建筑标准层平面或其他类似图纸声学分区标注图；第2款查阅建筑平面剖面图，建筑设计说明中关于围护结构的构造说明、材料做法表、大样图纸等设计文件，主要建构件隔声性能分析报告、隔声性能实验室检测报告。

评价查阅预评价涉及内容的竣工文件。第1款查阅建筑总平面声学分区标注竣工图、建筑标准层平面或其他类似图纸声学分区标注竣工图；第2款查阅主要建筑构件隔声性能分析报告、隔声性能实验室检测报告或现场检测报告。

5.1.5 建筑照明应符合下列规定：

1 各场所的照度、照度均匀度、显色指数、统一眩光值应符合现行国家标准《建筑照明设计标准》GB/T 50034 的规定；

5.1 控 制 项

2 人员长期停留的房间或场所采用的照明光源和灯具，其频闪效应可视度（SVM）不应大于1.3。

【条文说明扩展】

第1款主要是对照明数量和质量的要求。各类民用建筑中的室内照度、照度均匀度、显色性、眩光等照明数量和质量指标应符合现行国家标准《建筑照明设计标准》GB/T 50034的规定。《建筑照明设计标准》GB/T 50034-2024规定了居住建筑、公共建筑、工业建筑室内功能照明的照明数量和质量。其中公共建筑包括：图书馆、办公、商店、观演、旅馆、医疗、教育、博览、会展、交通、金融、体育等建筑。在进行评价时，现场的照度、照度均匀度、显色指数、眩光等指标应符合标准第5章的规定。以办公建筑为例，标准规定了该类型建筑的各个指标，如表5-2所示，表中照度标准值、U_0、R_a为下限值，而UGR为上限值。标准修订后，各项指标的评价应按照最新版标准执行。

表5-2 办公建筑照度标准值

房间或场所	参考平面及其高度	照度标准值（lx）	UGR	U_0	R_a
普通办公室	0.75m水平面	300	19	0.60	80
高档办公室	0.75m水平面	500	19	0.60	80
会议室	0.75m水平面	300	19	0.60	80
视频会议室	0.75m水平面	750	19	0.60	80
接待室、前台	0.75m水平面	200	—	0.40	80
服务大厅、营业厅	0.75m水平面	300	22	0.40	80
设计室	实际工作面	500	19	0.60	80
文件整理、复印、发行室	0.75m水平面	300	—	0.40	80
资料、档案存放室	0.75m水平面	200	—	0.40	80

注：此表适用于所有类型建筑的办公室和类似用途场所的照明。

第2款主要是照明频闪。照明频闪的评价可采用实验室或现场评价两种方式：当采用实验室评价时，具体需提供相应场所实际采用的照明产品的频闪测试报告；当具备现场检测条件时，可采用现场检测进行该指标的评价，具体需提供现场频闪的检测报告。

【具体评价方式】

本条适用于各类民用建筑的预评价、评价。对于未装修的区域，本条不参评。

预评价查阅建筑照明设计文件、照明计算书。

评价查阅预评价涉及内容的竣工文件，还查阅照明计算书、现场检测报告、产品说明书及产品检验报告。

5.1.6 应采取措施保障室内热环境。采用集中供暖空调系统的建筑，房间内的温度、湿度、新风量等设计参数应符合现行国家标准《民用建筑供暖通风与空气调节设计规范》GB 50736的有关规定；采用非集中供暖空调系统的建筑，应具有保障室内热环境的措施或预留条件。

【条文说明扩展】

对于集中供暖空调系统的建筑，房间内的温度、湿度、新风量等设计参数应符合国家标准《民用建筑供暖通风与空气调节设计规范》GB 50736-2012的规定。

5 健康舒适

国家标准《民用建筑供暖通风与空气调节设计规范》GB 50736-2012

3.0.1 供暖室内设计温度应符合下列规定：

1 严寒和寒冷地区主要房间应采用18℃～24℃；
2 夏热冬冷地区主要房间宜采用16℃～22℃；
3 设置值班供暖房间不应低于5℃。

3.0.2 舒适性空调室内设计参数应符合以下规定：

1 人员长期逗留区域空调室内设计参数应符合表3.0.2的规定：

表3.0.2 人员长期逗留区域空调室内设计参数

类别	热舒适等级	温度（℃）	相对湿度（%）	风速（m/s）
供热工况	Ⅰ级	22～24	≥30	≤0.2
	Ⅱ级	18～22	—	≤0.2
供冷工况	Ⅰ级	24～26	40～60	≤0.25
	Ⅱ级	26～28	≤70	≤0.3

注：1 Ⅰ级热舒适度较高，Ⅱ级热舒适度一般；
　　2 热舒适度等级划分按本规范第3.0.4条确定。

2 人员短期逗留区域空调供冷工况室内设计参数宜比长期逗留区域提高1℃～2℃，供热工况宜降低1℃～2℃。短期逗留区域供冷工况风速不宜大于0.5m/s，供热工况风速不宜大于0.3m/s。

3.0.5 辐射供暖室内设计温度宜降低2℃；辐射供冷室内设计温度宜提高0.5℃～1.5℃。

3.0.6 设计最小新风量应符合下列规定：

1 公共建筑主要房间每人所需最小新风量应符合表3.0.6-1规定。

表3.0.6-1 公共建筑主要房间每人所需最小新风量 [$m^3/(h·人)$]

建筑房间类型	新风量
办公室	30
客房	30
大堂、四季厅	10

2 设置新风系统的居住建筑和医院建筑，所需最小新风量宜按换气次数法确定。居住建筑换气次数宜符合表3.0.6-2规定，医院建筑换气次数宜符合表3.0.6-3规定。

表3.0.6-2 居住建筑设计最小换气次数

人均居住面积F_P	换气次数
$F_P≤10\ m^2$	0.70
$10\ m^2<F_P≤20\ m^2$	0.60
$20\ m^2<F_P≤50\ m^2$	0.50
$F_P>50\ m^2$	0.45

表3.0.6-3 医院建筑设计最小换气次数

功能房间	换气次数
门诊室	2
急诊室	2
配药室	5
放射室	2
病房	2

3 高密人群建筑每人所需最小新风量应按人员密度确定,且应符合表3.0.6-4规定。

表3.0.6-4 高密人群建筑每人所需最小新风量 [$m^3/(h·人)$]

建筑类型	人员密度 P_F(人/m^2)		
	$P_F \leq 0.4$	$0.4 < P_F \leq 1.0$	$P_F > 1.0$
影剧院、音乐厅、大会厅、多功能厅、会议室	14	12	11
商店、超市	19	16	15
博物馆、展览馆	19	16	15
公共交通等候室	19	16	15
歌厅	23	20	19
酒吧、咖啡厅、宴会厅、餐厅	30	25	23
游艺厅、保龄球房	30	25	23
体育馆	19	16	15
健身房	40	38	37
教室	28	24	22
图书馆	20	17	16
幼儿园	30	25	23

集中供暖空调系统的建筑室内热环境检测应满足以下要求:

(1)室内温湿度检测应包含每栋建筑各主要功能房间,应选取具有代表性的典型房间进行检测;对公共建筑检测的房间数量不少于主要功能房间总数的2%,且每类房间抽样数量不少于3间;对住宅建筑和宿舍建筑检测的户数不少于总户数的2%,且每个单体建筑不少于3户。

(2)室内热环境检测应分别在供暖期间和供冷期间进行测量。

(3)测试参数应包括但不限于空气干球温度、空气相对湿度。

集中供暖空调系统的建筑室内二氧化碳浓度应符合现行国家标准《室内空气质量标准》GB/T 18883的相关要求,即空调使用期间室内二氧化碳日平均值应不大于0.1%。室内二氧化碳浓度检测应满足以下要求:

(1)检测方法应符合国家标准《室内空气质量标准》GB/T 18883-2022附录A室内空气监测技术导则的要求。

（2）检验方法宜采用国家标准《公共场所卫生检验方法 第2部分：化学污染物》GB/T 18204.2-2014中的不分光红外线气体分析法。

（3）室内二氧化碳浓度检测应包含每栋建筑各主要功能房间，应选取具有代表性的典型房间进行检测；对公共建筑检测的房间数量不少于主要功能房间总数的2%，且每类房间抽样数量不少于3间；对住宅建筑和宿舍建筑检测的户数不少于总户数的2%，且每个单体建筑不少于3户。

对于非集中供暖空调系统的建筑，应有保障室内热环境的措施或预留条件，如分体空调安装条件等。对于采用多联机的建筑，按照集中供暖空调建筑的要求进行考虑。

【具体评价方式】

本条适用于各类民用建筑的预评价、评价。

预评价查阅暖通空调专业设计说明、暖通设计计算书等设计文件。

评价查阅预评价涉及内容的竣工文件，还查阅典型房间空调使用期间室内温湿度检测报告和二氧化碳浓度检测报告。

5.1.7 围护结构热工性能应符合下列规定：

1 在室内设计温、湿度条件下，建筑非透光围护结构内表面不得结露；

2 供暖建筑的屋面、外墙内部不应产生冷凝；

3 屋顶和外墙应进行隔热性能计算，透光围护结构太阳得热系数与夏季建筑遮阳系数的乘积还应满足现行国家标准《民用建筑热工设计规范》GB 50176的要求。

【条文说明扩展】

第1款主要是控制冬季内表面结露。本条"室内设计温度"对于供暖房间应取18℃，非供暖房间应取12℃；"室内设计湿度"应根据建筑所在地的实际情况取30%～60%。在设计时应对建筑非透光围护结构及其结构性热桥部位进行结露验算，消除结露风险。

对建筑非透光围护结构进行结露验算，应符合国家标准《民用建筑热工设计规范》GB 50176-2016的规定。

国家标准《民用建筑热工设计规范》GB 50176-2016

7.2.1 冬季室外计算温度t_e低于0.9℃时，应对围护结构进行内表面结露验算。

7.2.2 围护结构平壁部分的内表面温度应按本规范第3.4.16条计算。热桥部分的内表面温度应采用符合本规范附录第C.2.4条规定的软件计算，或通过其他符合本规范附录第C.2.5条规定的二维或三维稳态传热软件计算得到。

7.2.3 当围护结构内表面温度低于空气露点温度时，应采取保温措施，并应重新复核围护结构内表面温度。

第2款主要是控制供暖期间建筑屋面、外墙内部冷凝。对供暖建筑的屋面、外墙内部进行冷凝验算，应符合国家标准《民用建筑热工设计规范》GB 50176-2016的规定。

国家标准《民用建筑热工设计规范》GB 50176-2016

7.1.3 围护结构内任一层内界面的水蒸气分压分布曲线不应与该界面饱和水蒸气分压曲线相交。围护结构内任一层内界面饱和水蒸气分压 P_s，应按本规范表 B.8 的规定确定。任一层内界面的水蒸气分压 P_m 应按下式计算：

$$P_m = P_i - \frac{\sum_{j=1}^{m-1} H_j}{H_0}(P_i - P_e) \tag{7.1.3}$$

式中：P_m——任一层内界面的水蒸气分压（Pa）；

$\quad\quad P_i$——室内空气水蒸气分压（Pa），应按本规范第 3.3.1 条规定的室内温度和相对湿度计算确定；

$\quad\quad H_0$——围护结构的总蒸汽渗透阻（m²·h·Pa/g），应按本规范第 3.4.15 条的规定计算；

$\quad\quad \sum_{j=1}^{m-1} H_j$——从室内一侧算起，由第一层到第 $m-1$ 层的蒸汽渗透阻之和（m²·h·Pa/g）；

$\quad\quad P_e$——室外空气水蒸气分压（Pa），应按本规范附录表 A.0.1 中的采暖期室外平均温度和平均相对湿度确定。

7.1.4 当围护结构内部可能发生冷凝时，冷凝计算界面内侧所需的蒸汽渗透阻应按下式计算：

$$H_{0,i} = \frac{P_i - P_{s,c}}{\dfrac{10\rho_0 \delta_i [\Delta w]}{24Z} + \dfrac{P_{s,c} - P_e}{H_{0,e}}} \tag{7.1.4}$$

式中：$H_{0,i}$——冷凝计算界面内侧所需的蒸汽渗透阻（m²·h·Pa/g）；

$\quad\quad H_{0,e}$——冷凝计算界面至围护结构外表面之间的蒸汽渗透阻（m²·h·Pa/g）；

$\quad\quad \rho_0$——保温材料的干密度（kg/m³）；

$\quad\quad \delta_i$——保温材料厚度（m）；

$\quad\quad [\Delta w]$——保温材料重量湿度的允许增量（%），应按本规范表 7.1.2 的规定取值；

$\quad\quad Z$——采暖期天数，应按本规范附录 A 表 A.0.1 的规定取值；

$\quad\quad P_{s,c}$——冷凝计算界面处与界面温度 θ_c 对应的饱和水蒸气分压（Pa）。

7.1.5 围护结构冷凝计算界面温度应按下式计算：

$$\theta_c = t_i - \frac{t_i - \overline{t_e}}{R_0}(R_i + R_{c \cdot i}) \tag{7.1.5}$$

式中：θ_c——冷凝计算界面温度（℃）；

$\quad\quad t_i$——室内计算温度（℃），应按本规范第 3.3.1 条的规定取值；

$\quad\quad t_e$——采暖期室外平均温度（℃），应按本规范附录表 A.0.1 的规定取值；

$\quad\quad R_i$——内表面换热阻（m²·K/W），应按本规范附录第 B.4 节的规定取值；

$\quad\quad R_{c \cdot i}$——冷凝计算界面至围护结构内表面之间的热阻（m²·K/W）；

$\quad\quad R_0$——围护结构传热阻（m²·K/W）。

7.1.6 围护结构冷凝计算界面的位置,应取保温层与外侧密实材料层的交界处(图7.1.6)。

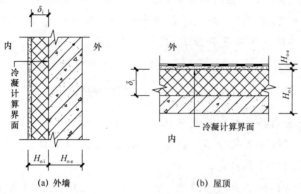

图 7.1.6 冷凝计算界面

7.1.7 对于不设通风口的坡屋面,其顶棚部分的蒸汽渗透阻应符合下式要求:

$$H_{0.c} > 1.2(P_i - P_e) \tag{7.1.7}$$

式中:$H_{0.c}$——顶棚部分的蒸汽渗透阻（$m^2 \cdot h \cdot Pa/g$）。

第3款主要是要求夏热冬暖、夏热冬冷地区及寒冷B区的建筑进行防热设计。在以上气候区,外墙和屋面应根据国家标准《民用建筑热工设计规范》GB 50176-2016附录C第C.3节的规定进行隔热计算,并应满足现行强制性工程建设规范《建筑环境通用规范》GB 55016的相关要求。同时,夏季室内外温差与冬季相比要小,透光围护结构夏季隔热主要是控制太阳辐射进入室内,因此本款还要求考虑夏季隔热的各气候区透光围护结构隔热性能要满足现行国家标准《民用建筑热工设计规范》GB 50176的要求,其中,透光围护结构太阳得热系数的计算应采用夏季计算条件,建筑遮阳系数应采用夏季时段的结果,透光围护结构太阳得热计算应根据国家标准《民用建筑热工设计规范》GB 50176-2016附录C.7节的规定进行计算。外墙、屋顶在给定两侧空气温度及变化规律的情况下,内表面最高温度应符合国家标准《民用建筑热工设计规范》GB 50176-2016的规定。

《建筑环境通用规范》GB 55016-2021

4.3.2 在给定两侧空气温度及变化规律的情况下,外墙和屋面内表面最高温度应符合表4.3.2的规定。

表4.3.2 外墙和屋面内表面最高温度限值

房间类型	自然通风房间	空调房间	
		重质围护结构 ($D \geq 2.5$)	轻质围护结构 ($D < 2.5$)
外墙内表面最高温度 $\theta_{i,max}$	$\leq t_{e,max}$	$\leq t_i + 2$	$\leq t_i + 3$
屋面内表面最高温度 $\theta_{i,max}$	$\leq t_{e,max}$	$\leq t_i + 2.5$	$\leq t_i + 3.5$

注:$\leq t_{e,max}$表示室外逐时空气温度最高值;t_i表示室内空气温度。

《民用建筑热工设计规范》GB 50176-2016

6.3.1 透光围护结构太阳得热系数与夏季建筑遮阳系数的乘积宜小于表6.3.1规定的限值。

表6.3.1 透光围护结构太阳得热系数与夏季建筑遮阳系数的乘积的限值

气候区	朝向			
	南	北	东、西	水平
寒冷B区	—	—	0.55	0.45
夏热冬冷A区	0.55	—	0.50	0.40
夏热冬冷B区	0.50	—	0.45	0.35
夏热冬暖A区	0.50	—	0.40	0.30
夏热冬暖B区	0.45	0.55	0.40	0.30

6.3.2 透光围护结构的太阳得热系数应按本规范附录C第C.7节的规定计算；建筑遮阳系数应按本规范第9.1节的规定计算。

9.1 建筑遮阳系数的确定

9.1.1 水平遮阳和垂直遮阳的建筑遮阳系数应按下列公式计算：

$$SC_s = (I_D \cdot X_D + 0.5 I_d \cdot X_d)/I_0 \quad (9.1.1\text{-}1)$$

$$I_0 = I_D + 0.5 I_d \quad (9.1.1\text{-}2)$$

式中：SC_s——建筑遮阳的遮阳系数，无量纲；

I_D——门窗洞口朝向的太阳直射辐射（W/m²），应按门窗洞口朝向和当地的太阳直射辐射照度计算；

X_D——遮阳构件的直射辐射透射比，无量纲，应按本规范附录C第C.8节的规定计算；

I_d——水平面的太阳散射辐射（W/m²）；

X_d——遮阳构件的散射辐射透射比，无量纲，应按本规范附录C第C.9节的规定计算；

I_0——门窗洞口朝向的太阳总辐射（W/m²）。

9.1.2 组合遮阳的遮阳系数应为同时刻的水平遮阳与垂直遮阳建筑遮阳系数的乘积。

9.1.3 挡板遮阳的建筑遮阳系数应按下式计算：

$$SC_s = 1 - (1-\eta)(1-\eta^*) \quad (9.1.3)$$

式中：η——挡板的轮廓透光比，无量纲，应为门窗洞口面积扣除挡板轮廓在门窗洞口上阴影面积后的剩余面积与门窗洞口面积的比值；

η^*——挡板材料的透射比，无量纲，应按表9.1.3的规定确定。

5 健康舒适

表9.1.3 挡板材料的透射比

遮阳板使用的材料	规格	η^*
织物面料		0.5或按实测太阳光透射比
玻璃钢板		0.5或按实测太阳光透射比
玻璃、有机玻璃类板	0<太阳光透射比≤0.6	0.5
	0.6<太阳光透射比≤0.9	0.8
金属穿孔板	0<穿孔率≤0.2	0.15
	0.2<穿孔率≤0.4	0.3
	0.4<穿孔率≤0.6	0.5
	0.6<穿孔率≤0.8	0.7
混凝土、陶土釉彩窗外花格		0.6或按实际镂空比例及厚度
木质、金属窗外花格		0.7或按实际镂空比例及厚度
木质、竹质窗外帘		0.4或按实际镂空比例

9.1.4 百叶遮阳的建筑遮阳系数应按下式计算：

$$SC_S = \frac{E_\tau}{I_0} \tag{9.1.4}$$

式中：E_τ——通过百叶系统后的太阳辐射（W/m²），应按本规范附录C第C.10节的规定计算。

9.1.5 活动外遮阳全部收起时的遮阳系数可取1.0，全部放下时应按不同的遮阳形式进行计算。

【具体评价方式】

本条适用于各类民用建筑的预评价、评价。温和地区和夏热冬暖地区项目，或项目没有供暖需求，本条不考察第1、2款。目前，寒冷地区多采用外墙外保温系统，夏热冬冷地区多采用外墙外保温或外墙内外复合保温系统，如完全按照地方明确的节能构造图集进行设计，本条不再考察第3款。

预评价查阅建筑施工图设计说明、节点大样图、节能计算书等设计文件、建筑围护结构结露验算计算书、建筑围护结构内部冷凝验算计算书、建筑围护结构隔热性能计算书。

评价查阅预评价涉及内容的竣工文件，建筑围护结构结露验算计算书、建筑围护结构内部冷凝验算计算书、建筑围护结构隔热性能计算书，重点审核建筑构造与计算报告的一致性。

5.1.8 主要功能房间应具有现场独立控制的热环境调节装置。

【条文说明扩展】

对于采用集中供暖空调系统的建筑，系统应具有满足主要功能房间不同热环境需求的调节功能，或主要功能房间末端应设置可独立开启的热环境调节装置，以确保用户能够独立控制和调节房间内的温度和风速。

对于未采用集中供暖空调系统的建筑，应设置满足个性化热舒适需求的热环境调节装置，例如多联机、分体空调、吊扇、台扇等。

对于公共建筑，要求所有主要功能房间分室可调，对于居住建筑，满足分户可调即可。

【具体评价方式】

本条适用于各类民用建筑的预评价、评价。

预评价查阅暖通空调设计说明，供暖、空调通风平面图，文件应对末端形式和主要功能房间的调节方式做详细说明，应注明主要功能房间的末端形式。

评价查阅暖通空调竣工图设计说明、供暖、空调通风平面图竣工图、还查阅产品说明书和合格证书，必要时进行现场核实供暖空调系统末端是否可独立调节。

5.1.9 地下车库应设置与排风设备联动的一氧化碳浓度监测装置。

【条文说明扩展】

地下车库设置与排风设备联动的一氧化碳监测装置，超过一定的量值时即报警并启动排风系统。一个防火分区至少设置一个一氧化碳监测点并与排风系统联动，监测装置安装高度宜控制在1.5m~2m范围内，当单个防火分区面积较大时，应保证每300m²~400m²设置一个，排风系统宜选用多台并联或变频调速风机。

监测报警所设定的量值可参考现行国家标准《工作场所有害因素职业接触限值 第1部分：化学有害因素》GBZ 2.1等相关标准的规定。其中，《工作场所有害因素职业接触限值 第1部分：化学有害因素》GBZ 2.1-2019对非高原地区工作场所空气中的一氧化碳职业接触限值规定为：时间加权平均容许浓度（permissible concentration-time weighted average；PC-TWA）不高于20mg/m³；短时间接触容许浓度（permissible concentration-short term exposure limit；PC-STEL）不高于30mg/m³。对于高原地区，海拔在2000m~3000m的地区最高容许浓度（maximum allowable concentration，MAC）不高于20mg/m³，海拔在大于3000m的地区最高容许浓度不高于15mg/m³。

本条以防火分区作为一氧化碳监测点布置的基本指导原则，是因为本条的监控对象一氧化碳主要不是来自火灾，而是在满足防火防烟设计规范要求的基础上，考虑机动车的使用（燃油车尾气排放），导致的地下车库室内空气质量超标，进而影响人的健康。一个防火分区可能会包含多个防烟分区。防烟分区在设计上会采用挡烟垂壁、隔墙或从顶棚下突出不小于0.5m的梁划分。这些设计的原理是在火灾初期，烟雾由于热浮力效应迅速上升，设置防烟分区以控制烟雾扩散，保护逃生通道和避难空间不受烟雾侵袭。而机动车排放形成的一氧化碳几乎与空气密度相当，在没有外部干扰的情况，接近于均匀分布在空气中，简单地按照防烟分区设置并没有必要，且还会造成设备冗余。同时，过多的监测点还会造成数据冗余、系统复杂性增加进而导致误报率上升或者故障排查难度加大，不利于整体空气安全保障体系的高效稳定运行。

【具体评价方式】

本条适用于各类民用建筑的预评价、评价。不设地下车库的项目，本条直接通过。

预评价查阅暖通空调、智能化等专业设计说明、施工图等设计文件。

评价查阅预评价涉及内容的竣工文件，监测设备的产品说明书、物业单位提供的运行记录等。

5.1.10 健康舒适相关技术要求应符合现行强制性工程建设规范《建筑环境通用规范》GB 55016、《建筑给水排水与节水通用规范》GB 55020、《民用建筑通用规范》GB 55031 等的规定。

【条文说明扩展】

建筑满足国家强制性工程建设规范是参与绿色建筑评价的前提条件，与室内健康舒适相关但在本章未提及的均应符合现行强制性工程建设规范要求。需注意的是，若出现本章条文与强制性规范要求不一致的，遵照"从严规定"原则进行绿色建筑评价。

本条的评价方法为：预评价查阅相关设计文件；评价查阅相关竣工图。

【具体评价方式】

本条适用于各类民用建筑的预评价、评价。

预评价查阅相关设计文件。

评价查阅相关竣工图、必要的影像资料等。

5.2 评分项

Ⅰ 室内空气品质

5.2.1 控制室内主要空气污染物的浓度，评价总分值为12分，并按下列规则分别评分并累计：

1 氨、甲醛、苯、总挥发性有机物、氡等污染物浓度比现行国家标准《室内空气质量标准》GB/T 18883 规定限值降低 10%，得 3 分；降低 20%，得 6 分；

2 室内 $PM_{2.5}$ 年均浓度不高于 $25\mu g/m^3$，且室内 PM_{10} 年均浓度不高于 $50\mu g/m^3$，得 6 分。

【条文说明扩展】

第 1 款，在本标准第 5.1.1 条基础上对室内空气污染物的浓度提出了更高的要求，即要求氨、甲醛、苯、总挥发性有机物、氡等污染物浓度低于现行国家标准《室内空气质量标准》GB/T 18883 规定限值 10% 或 20%，具体技术要求可见本细则第 5.1.1 条内容。评价时，若项目在投入使用之前进行评价，则需在现行强制性工程建设规范《建筑环境通用规范》GB 55016 规定的基础上降低 10% 或 20%，方可分别得到 3 分或 6 分。其他情况的预评估方法详见本标准第 5.1.1 条的条文说明。

第 2 款，对颗粒污染物浓度限值进行了规定。不同建筑类型室内颗粒物控制的共性措施为：①增强建筑围护结构气密性能，降低室外颗粒物向室内的穿透。②对于厨房等颗粒物散发源空间设置可关闭的门。③对具有集中通风空调系统的建筑，应对通风系统及空气净化装置进行合理设计和选型，并使室内具有一定的正压。对于无集中通风空调的建筑，可采用空气净化器或户式新风系统控制室内颗粒物浓度。

第 2 款预评价时，全装修项目可通过建筑设计因素（门窗渗透风量、新风量、净化设备效率、室内源等）及室外颗粒物水平（建筑所在地近1年环境大气监测数据），对建筑内部颗粒物浓度进行估算，预评价的计算方法可参考现行行业标准《公共建筑室内空气质量控制设计标准》JGJ/T 461中室内空气质量设计计算的相关规定。第2款评价时，建筑内应具有颗粒物浓度监测传感设备，至少每小时对建筑内颗粒物浓度进行一次记录、存储，连续监测一年后取算术平均值，并出具报告。对于住宅建筑和宿舍建筑，应对每种户型主要功能房间进行全年监测；对于公共建筑，应每层选取一个主要功能房间进行全年监测。对于尚未投入使用或投入使用未满一年的项目，应对室内$PM_{2.5}$和PM_{10}的年平均浓度进行预评估。

【具体评价方式】

本条适用于各类民用建筑的预评价、评价。本条第1款预评价时，可仅对室内空气中的甲醛、苯、总挥发性有机物3类进行浓度预评估；除此之外，均统一按本条要求执行。

预评价查阅建筑设计文件，通风及净化系统设计文件、建筑及装修材料设计说明（种类、用量），污染物浓度预评估分析报告。

评价查阅预评价涉及内容的竣工文件、建筑及装修材料设计说明（种类、用量）、污染物浓度预评估分析报告，室内空气质量现场检测报告，$PM_{2.5}$和PM_{10}浓度计算报告（附原始监测数据）。

5.2.2 选用的装饰装修材料满足国家现行绿色产品评价标准中对有害物质限量的要求，评价总分值为8分。选用满足要求的装饰装修材料达到3类及以上，得5分；达到5类及以上，得8分。

【条文说明扩展】

我国发布了系列绿色产品评价国家标准，包括《绿色产品评价 人造板和木质地板》GB/T 35601、《绿色产品评价 涂料》GB/T 35602、《绿色产品评价 防水与密封材料》GB/T 35609、《绿色产品评价 陶瓷砖（板）》GB/T 35610、《绿色产品评价 纸和纸制品》GB/T 35613、《绿色产品评价 装饰装修用预拌砂浆》GB/T 44177、《绿色产品评价 石材》GB/T 44178等，其中对产品中有害物质种类及限量进行了明确的规定。

【具体评价方式】

本条适用于各类民用建筑的预评价、评价。

预评价查阅内装施工图、材料预算清单、相关设计说明等绿色产品使用的相关设计文件。

评价查阅预评价涉及内容的竣工文件、相关说明、绿色产品认证证书等。

Ⅱ 水 质

5.2.3 直饮水、集中生活热水、游泳池水、供暖空调系统用水、景观水体等的水质满足国家现行有关标准的要求，评价分值为8分。

【条文说明扩展】

直饮水是以符合现行国家标准《生活饮用水卫生标准》GB 5749水质标准的自来水或

水源为原水,经再净化后供给用户直接饮用的高品质饮用水。直饮水系统分为集中供水的管道直饮水系统和分散供水的终端直饮水处理设备。管道直饮水系统供水水质应满足现行行业标准《饮用净水水质标准》CJ 94 的要求,该标准规定了管道直饮水系统水质标准,主要包含感官性状、一般化学指标、毒理学指标和细菌学指标。终端直饮水处理设备的出水水质标准可参考现行行业标准《饮用净水水质标准》CJ 94、《全自动连续微/超滤净水装置》HG/T 4111 等现行饮用净水相关水质标准和设备标准。

以符合现行国家标准《生活饮用水卫生标准》GB 5749 要求的自来水或水源为原水的集中生活热水,其水质还应满足现行行业标准《生活热水水质标准》CJ/T 521 的要求。

游泳池循环水处理系统水质应满足现行行业标准《游泳池水质标准》CJ/T 244 的要求,该标准在游泳池原水和补水水质指标、水质检验等方面作出了规定。

供暖空调循环水系统水质应满足现行国家标准《采暖空调系统水质》GB/T 29044 的要求,该标准规定了采暖空调系统的水质标准、水质检测频次及检测方法。

景观水体的水质根据水景功能性质不同,应不低于现行国家标准的相关要求,详见表 5-3。

表 5-3 景观水体水质标准

人体与水的接触程度和水景功能		非直接接触、观赏性	非全身接触、娱乐性	全身接触、娱乐性	细雾等微孔喷头、室内水景
适用标准	充水和补水水质	《城市污水再生利用 景观环境用水水质》GB/T 18921		《生活饮用水卫生标准》GB 5749	《生活饮用水卫生标准》GB 5749
	水体水质	《地表水环境质量标准》GB 3838 中的 pH 值、溶解氧、粪大肠菌群指标,且透明度≥30cm		《游泳池水质标准》CJ/T 244	
		V 类	IV 类		

注: 1 表中"非直接接触"指人身体不直接与水接触,仅在景观水体外观赏。
  2 "非全身接触"指人部分身体可能与水接触,如涉水、划船等娱乐行为。
  3 "全身接触"指人可能全身浸入水中进行嬉水、游泳等活动,如旱喷泉、嬉水喷泉等。
  4 水深不足 30cm 时,透明度不小于最大水深。

非传统水源供水系统水质,应根据用水用途满足现行国家标准城市污水再生利用系列标准,如现行国家标准《城市污水再生利用 城市杂用水水质》GB/T 18920、《城市污水再生利用 绿地灌溉水质》GB/T 25499、《城市污水再生利用 景观环境用水水质》GB/T 18921等的要求。设有模块化户内中水集成系统的项目,户内中水水质应满足现行行业标准《模块化户内中水集成系统技术规程》JGJ/T 409 的要求。

【具体评价方式】

本条适用于各类民用建筑的预评价、评价。当项目中除生活饮用水供水系统外,未设置其他供水系统时,本条可直接得分(生活饮用水水质已在控制项第 5.1.3 条要求)。当项目内各类供水系统的水质均满足国家现行相关标准的要求时,本条方可得分。

预评价查阅包含各类用水水质要求的给水排水施工图设计说明、水处理设备工艺设计图等设计文件,市政供水的水质检测报告(可使用同一水源邻近项目一年以内的水质检测报告代替)。

评价查阅预评价涉及内容的竣工文件。已投入使用的项目,尚应查阅各类用水的水质检测报告，报告取样点至少应包含水源（市政供水、自备井水等）、水处理设施出水及最不利用水点。

5.2.4 生活饮用水水池、水箱等储水设施采取措施满足卫生要求，评价总分值为9分，并按下列规则分别评分并累计：
  1 使用符合国家现行有关标准要求的成品水箱，得4分；
  2 采取保证储水不变质的措施，得5分。

【条文说明扩展】
  第1款，现行国家标准《二次供水设施卫生规范》GB 17051和现行行业标准《二次供水工程技术规程》CJJ 140规定了建筑二次供水设施的卫生要求和水质检测方法，建筑二次供水设施的设计、生产、安装、使用和管理均应符合该上述标准规定。使用符合现行国家标准《二次供水设施卫生规范》GB 17051和现行行业标准《二次供水工程技术规程》CJJ 140要求的成品水箱，能够有效避免现场加工过程中的污染问题，且在安全生产、品质控制、减少误差等方面均较现场加工更有优势。成品水箱指水箱的主要构件（钢板、主要附件）均在工厂生产加工完毕，运输到现场后仅通过可靠的拼装方式（可以有少量的拼装处焊接作业）安装而成的装配式水箱。需要现场裁切钢板的安装方式的水箱，不属于成品水箱。
  第2款，常用的避免储水变质的主要技术措施包括：
  （1）储水设施分格/座。储水设施容积大于10m^3时，宜分成容积基本相等的2格；储水设施容积大于50m^3时，应分成容积基本相等的2格/座。储水设施分格/座，可以实现清洗时不停止供水，有利于建筑运行期间的储水设施清洗工作的开展。对储水设施进行定期清洗，能够有效避免设施内滋生蚊虫、生长青苔、沉积废渣等水质污染状况的发生。储水设施清洗、消毒后应即刻采集水样，对水质进行检验，检测结果应符合现行国家标准《生活饮用水卫生标准》GB 5749的规定。
  （2）储水设施的体型选择及进出水管设置应保证水流通畅、避免"死水区"。"死水区"即水流动较少或静止的区域，死水区的水长期处于静止状态，缺乏补氧，容易滋生细菌和微生物，进而导致水质恶化。储水设施体型应规则，进出水管在设施远端两头分别设置（必要时可设置导流装置），能够在最大限度上避免水流迂回和短路，避免"死水区"的产生。
  （3）储水设施的检查口（人孔）应加锁，溢流管、通气管口应采取防止生物进入的措施。避免非管理人员、灰尘携带致病微生物、蛇虫鼠蚁等进入水箱并污染储水。

【具体评价方式】
  本条适用于各类民用建筑的预评价、评价。如项目未设置生活饮用水储水设施，本条可直接得分。
  预评价查阅包含生活饮用水储水设施设置情况的给水排水施工图设计说明、生活饮用水储水设施详图、设备材料表等设计文件。
  评价查阅预评价涉及内容的竣工文件，还查阅生活饮用水储水设施设备材料采购清单或进场记录，成品水箱产品说明书。

5.2.5 所有给水排水管道、设备、设施设置明确、清晰的永久性标识，评价分值为 8 分。

【条文说明扩展】

建筑内给水排水管道及设备的标识设置可参考现行国家标准《工业管道的基本识别色、识别符号和安全标识》GB 7231、《建筑给水排水及采暖工程施工质量验收规范》GB 50242 中的相关要求。如：在管道上设色环标识，两个标识之间的最小距离不应大于 10m，所有管道的起点、终点、交叉点、转弯处、阀门和穿墙孔两侧等的管道上和其他需要标识的部位均应设置标识，标识由系统名称、流向等组成，标识系统名称应与项目设计文件图例相对应，标识设计应有具体详细要求，能够指导施工实施，设置的标识字体、大小、颜色应方便辨识，且标识的材质应符合耐久性要求，避免标识随时间褪色、剥落、损坏。永久性标识不仅对标识材质的耐久性有要求，还可以通过定期巡查、及时维护更换等完备的标识管理措施实现。

【具体评价方式】

本条适用于各类民用建筑的预评价、评价。当项目内各类给水排水系统的管道及设备均设置有明确、清晰的永久性标识时，本条方可得分。

预评价查阅给水排水施工图设计说明，说明中包含给水排水各类管道、设备、设施标识的设置说明。

评价查阅预评价涉及内容的竣工文件，重点审核给水排水各类管道、设备、设施标识的落实情况。

Ⅲ 声环境与光环境

5.2.6 采取措施优化主要功能房间的室内声环境，评价总分值为 8 分，并按下列规则分别评分并累计：

    1 建筑物外部噪声源传播至主要功能房间的噪声比现行强制性工程建设规范《建筑环境通用规范》GB 55016 限值低 3dB 及以上，得 4 分；

    2 建筑物内部建筑设备传播至主要功能房间的噪声比现行强制性工程建设规范《建筑环境通用规范》GB 55016 限值低 3dB 及以上，得 4 分。

【条文说明扩展】

本条是在强制性工程建设规范《建筑环境通用规范》GB 55016-2021 基础上的提升。强制性工程建设规范《建筑环境通用规范》GB 55016-2021 将主要功能房间的室内噪声分为了两类，一类是室外声源传入噪声，另一类是建筑设备噪声，并分别规定了不同限值。绿色建筑应具有更宁静的声环境，评价时，将强制性工程建设规范《建筑环境通用规范》GB 55016-2021 规定的限值降低 3dB 作为判定其是否能得分的条件。

评价主要功能房间的室外声源传入噪声和建筑设备噪声应提供典型房间的检测报告，室外声源传入噪声和建筑设备噪声应分别检测，检测室外声源传入噪声时，应排除内部建筑设备噪声的干扰，检测内部建筑设备噪声时，应排除室外声源的影响。检测应涵盖每栋建筑的各类主要功能房间，应选取具有代表性的典型房间进行检测，检测的房间数量不少

5.2 评 分 项

于房间总数的2%,且每个单体建筑中同一功能类型房间的检测数量不应少于3间(若该类房间少于3间,需全检)。

《建筑环境通用规范》GB 55016-2021

2.1.3 建筑物外部噪声源传播至主要功能房间室内的噪声限值及适用条件应符合下列规定:

1 建筑物外部噪声源传播至主要功能房间室内的噪声限值应符合表2.1.3的规定;

表2.1.3 主要功能房间室内的噪声限值

房间的使用功能	噪声限值(等效声级$L_{Aeq,T}$,dB)	
	昼间	夜间
睡眠	40	30
日常生活	40	
阅读、自学、思考	35	
教学、医疗、办公、会议	40	

注:1 当建筑位于2类、3类、4类声环境功能区时,噪声限值可放宽5dB;
2 夜间噪声限值应为夜间8h连续测得的等效声级$L_{Aeq,8h}$;
3 当1h等效声级$L_{Aeq,1h}$能代表整个时段噪声水平,测量时段可为1h。

2 噪声限值应为关闭门窗状态下的限值;

3 昼间时段应为6:00~22:00,夜间时段应为22:00~次日6:00。当昼间、夜间的划分当地另有规定时,应按其规定。

2.1.4 建筑物内部建筑设备传播至主要功能房间室内的噪声限值应符合表2.1.4的规定。

表2.1.4 建筑物内部建筑设备传播至主要功能房间室内的噪声限值

房间的使用功能	噪声限值(等效声级$L_{Aeq,T}$,dB)
睡眠	33
日常生活	40
阅读、自学、思考	40
教学、医疗、办公、会议	45
人员密集的公共空间	55

【具体评价方式】

本条适用于各类民用建筑的预评价、评价。

预评价查阅建筑专业的平面剖面图、建筑设计说明、门窗表等图纸;暖通空调专业的设计说明、系统图、平面图、机房图、设备表等图纸;室内噪声计算分析报告,重点审核室外噪声对室内噪声影响分析、建筑设备噪声消声计算分析,以及相应噪声控制措施在图纸上的落实情况。

评价查阅预评价涉及内容的竣工文件，并查阅典型时间、主要功能房间的室外声源传入噪声与建筑设备噪声现场检测报告。

5.2.7 主要功能房间的隔声性能良好，评价总分值为10分，按表5.2.7的规则分别评分并累计：

表 5.2.7 主要功能房间隔声性能评分规则

建筑类别	构件或房间名称		评价指标	得分
住宅建筑	卧室含窗外墙		计权标准化声压级差与交通噪声频谱修正量之和 $D_{2m,nT,w}+C_{tr} \geq 35dB$	2
	相邻两户房间之间空气声隔声	隔墙两侧房间之间	计权标准化声压级差与交通噪声频谱修正量之和 $D_{nT,w}+C_{tr} \geq 50dB$（卧室与邻户房间之间）	2
		楼板上下房间之间	且计权标准化声压级差与粉红噪声频谱修正量之和 $D_{nT,w}+C \geq 50dB$（其他相邻两户房间之间）	2
	卧室和起居室楼板撞击声隔声		计权标准化撞击声压级 $L'_{nT,w} \leq 60dB$ (55dB)	2 (4)
公共建筑	外围护结构		计权标准化声压级差与交通噪声频谱修正量之和 $D_{2m,nT,w}+C_{tr} \geq 30dB$	2
	房间之间空气声隔声	隔墙两侧房间之间	比国家民用建筑隔声设计标准规定限值高3dB及以上	2
		楼板两侧房间之间		2
	楼板撞击声隔声		比国家民用建筑隔声设计标准规定限值低5dB（10dB）及以上	2 (4)

【条文说明扩展】

本条将住宅建筑与公共建筑分别评价，各自总分均为10分。对于有些无明确隔声要求的空间，相应条款可直接得分，如单层建筑的撞击声隔声性能，可直接得4分。

对于住宅建筑，充分考虑技术可达性和经济性后进行适度的提升，本次局部修订，为了提升卧室与邻户房间之间的隔声性能，特别是低频段隔声性能，将卧室与邻户房间之间的空气声隔声性能评价的频谱修正量从原来的"粉红噪声频谱修正量C"调整为"交通噪声频谱修正量C_{tr}"。对于重质墙体来说，通常C_{tr}比C小2dB～5dB；对轻质墙体，通常C_{tr}比C小5dB～10dB。因此，卧室与邻户房间之间的隔墙应优先选用重质墙体。

对于公共建筑，本条中的"房间之间空气声隔声"和"楼板撞击声隔声"性能提升参照指标限值，指现行国家标准《民用建筑隔声设计规范》GB 50118中的低限标准限值（对于旅馆建筑，《民用建筑隔声设计规范》GB 50118-2010的隔声标准有三级，一级为低限要求）。根据国家标准《民用建筑隔声设计规范》GB 50118-2010的规定，考虑本条

5.2 评 分 项

提升要求,汇总各类相邻房间之间的空气声隔声性能要求见表5-4,汇总各类主要房间楼板现场测得的楼板撞击声隔声性能要求见表5-5。需要注意的是,国家标准《民用建筑隔声设计规范》GB 50118-2010正在修订,待新版《民用建筑隔声设计规范》GB 50118发布后,应在新版标准基础上进行提升。对于《民用建筑隔声设计规范》GB 50118-2010没有涉及的建筑类型的围护结构构件隔声性能,可参照相近功能类型的要求进行评价,也可依据相应类型建筑的建筑设计规范相关条文进行评价如《托儿所、幼儿园建筑设计规范》JGJ 39、《老年人照料设施建筑设计标准》JGJ 450、《宿舍建筑设计规范》JGJ 36、《电影院建筑设计规范》JGJ 58、《剧场建筑设计规范》JGJ 57、《体育建筑设计规范》JGJ 31等。

表5-4 相邻房间之间空气声隔声得分标准

建筑类型	构件/房间名称	空气声隔声单值评价量+频谱修正量(dB)	
学校建筑	语音教室、阅览室与相邻房间之间	计权标准化声压级差+粉红噪声频谱修正量 $D_{nT,w}+C$	≥53
	普通教室之间		≥48
医院建筑	病房之间及病房、手术室与普通房间之间	计权标准化声压级差+粉红噪声频谱修正量 $D_{nT,w}+C$	≥48
	诊室之间		≥43
旅馆建筑	客房之间	计权标准化声压级差+粉红噪声频谱修正量 $D_{nT,w}+C$	≥48
办公建筑	办公室、会议室与普通房间之间	计权标准化声压级差+粉红噪声频谱修正量 $D_{nT,w}+C$	≥48
商业建筑	健身中心、娱乐场所等与噪声敏感房间之间	计权标准化声压级差+交通噪声频谱修正量 $D_{nT,w}+C_{tr}$	≥58
	购物中心、餐厅、会展中心等与噪声敏感房间之间		≥48

表5-5 楼板撞击声隔声得分标准(现场测量)

建筑类型	楼板部位	计权标准化撞击声压级 $L'_{nT,w}$(现场测量)	
		得2分	得4分
学校建筑	语音教室、阅览室与上层房间之间的楼板	≤60	≤55
	普通教室之间的楼板	≤70	≤65
医院建筑	病房、手术室与上层房间之间的楼板	≤70	≤65
旅馆建筑	客房与上层房间之间的楼板	≤60	≤55
办公建筑	办公室、会议室顶部的楼板	≤70	≤65
商业建筑	健身中心、娱乐场所等与噪声敏感房间之间的楼板	≤45	≤40

在预评价阶段,评价主要建筑构件的空气声隔声性能和撞击声隔声性能,考虑现场测试和实验室测试之间结果差异、现场施工因素影响等,建议在预评价阶段,选择的主要建筑构件的隔声性能比本条中规定高3dB~5dB。

5 健康舒适

在评价阶段,应评价现场实际检测的住宅卧室含窗外墙(公共建筑为外围护结构)、房间之间的空气声隔声性能和楼板撞击声隔声性能。现场隔声性能检测方法应依据现行《声学 建筑和建筑构件隔声测量 第4部分:房间之间空气声隔声的现场测量》GB/T 19889.4、《声学 建筑和建筑构件隔声测量 第5部分:外墙构件和外墙空气声隔声的现场测量》GB/T 19889.5、《声学 建筑和建筑构件隔声测量 第7部分:撞击声隔声的现场测量》GB/T 19889.7、《建筑隔声评价标准》GB/T 50121等标准的相关要求。

住宅卧室含窗外墙(公共建筑为外围护结构)、房间之间的空气声隔声性能和楼板撞击声隔声性能现场检测应涵盖每栋建筑的各类主要房间类型,应选取具有代表性的典型房间进行检测,检测的房间数量不少于房间总数的2%,且每个单体建筑中同一功能类型房间的检测数量不应少于3间(若该类房间少于3间,需全检)。

【具体评价方式】

本条适用于各类民用建筑的预评价、评价。

预评价查阅建筑设计说明中关于围护结构的构造说明、材料做法表、大样图纸等设计文件,主要构件隔声性能分析报告或主要构件隔声性能的实验室检测报告。

评价查阅预评价涉及内容的竣工文件,还查阅卧室含窗外墙(公共建筑为外围护结构)空气声隔声性能、房间之间空气声隔声性能、楼板撞击声隔声性能的现场检测报告。

5.2.8 充分利用天然光,评价总分值为12分,并按下列规则评分:

1 住宅建筑室内主要功能空间至少60%面积比例区域,其采光照度值不低于300lx的小时数平均不少于8h/d,得12分。

2 公共建筑按下列规则分别评分并累计:

    1) 内区采光系数满足采光要求的面积比例达到60%,得4分;

    2) 地下空间平均采光系数不小于0.5%的面积与地下室首层面积的比例达到10%以上,得4分;

    3) 室内主要功能空间至少60%面积比例区域的采光照度值不低于采光要求的小时数平均不少于4h/d,得4分。

【条文说明扩展】

第1款,住宅建筑的主要功能空间包括卧室、起居室(厅)等。宿舍建筑按本款的要求执行。

第2款,公共建筑主要功能空间为现行国家标准《建筑采光设计标准》GB 50033中Ⅱ~Ⅳ级有采光标准值要求的场所,当某场所的视觉活动类型与标准中规定的场所相同或相似且未作规定时,应参照相关场所的采光标准值执行。除对主要采光场所外,对于内区和地下空间等采光难度较大的场所同样推荐增加天然光的利用,对于此类场所,依旧采用采光系数进行评价。评价时,采光要求需要根据场所的视觉活动特点及现行国家标准《建筑采光设计标准》GB 50033对于不同场所的采光标准值的规定来确定。设计时,可通过计算误差符合要求的软件对此类型场所的采光系数进行计算。本款的内区是针对外区而言的,为简化,一般情况下外区的定义为距离建筑外围护结构5m范围内的区域。本款所指采光照度值为平均值。

对于住宅和公共建筑的主要功能房间采用全年中建筑空间各位置满足采光照度要求的时长来进行采光效果评价,也称为动态采光评价,一般采用全年动态采光计算软件进行计算,计算时应采用标准年的光气候数据。对于设计阶段,计算参数按照现行行业标准《民用建筑绿色性能计算标准》JGJ/T 449 执行(地面反射比 0.3,墙面 0.6,外表面 0.3,顶棚 0.75);对于运行阶段可按照建筑实际参数进行计算,以获得准确的采光效果计算结果。本款所指采光照度值为平均值。进行动态采光评价时,先逐时刻统计采光照度值的达标面积比,再统计达标面积比不低于 60% 的时数,最后将统计的时数除以统计天数,获得每天的平均小时数来进行评价。

【具体评价方式】

本条适用于各类民用建筑的预评价、评价。

预评价查阅建筑专业设计文件、动态采光计算书、公共建筑主要功能房间内区和地下空间的采光系数计算书。

评价查阅预评价涉及内容的竣工文件,动态采光计算书,公共建筑内区及地下空间采光系数计算书或检测报告。

Ⅳ 室内热湿环境

5.2.9 具有良好的室内热湿环境,评价总分值为 8 分,并按下列规则评分:

1 建筑主要功能房间自然通风或复合通风工况下室内热环境参数在适应性热舒适区域的时间比例,达到 30%,得 2 分;每再增加 10%,再得 1 分,最高得 8 分。

2 建筑主要功能房间供暖、空调工况下室内热环境参数达到现行国家标准《民用建筑室内热湿环境评价标准》GB/T 50785 规定的室内人工冷热源热湿环境整体评价Ⅱ级的面积比例,达到 60%,得 5 分;每再增加 10%,再得 1 分,最高得 8 分。

3 当建筑主要功能房间部分时段采用自然通风或复合通风,部分时段采用供暖、空调时,按照第 1 款、第 2 款分别评分后再按各工况运行时间加权平均计算作为本条得分。

【条文说明扩展】

第 1 款,适用于自然通风或复合通风方式下室内热环境的舒适效果评价,按照建筑主要功能房间室内空气温度满足适应性热舒适区间的时间百分比进行判定评分。其中复合通风指的是采用自然通风和机械通风相结合的通风模式。

适应性热舒适区间的上、下限值通过以下公式进行计算:

适应性热舒适温度上限值 $\quad t_{\text{in-upper}} = 0.31 T_{\text{out}} + 21.3 \quad$ (5-1)

适应性热舒适温度下限值 $\quad t_{\text{in-lower}} = 0.31 T_{\text{out}} + 14.3 \quad$ (5-2)

其中,T_{out} 为室外月平均气温,也可以为不少于两周且不多于 1 个月的连续日期的室外平均气温,计算的是连续日期的室外空气干球温度平均值。对于单日气温,应为全天 24 小时室外空气干球温度平均值。

5 健康舒适

当室内温度高于25℃时，允许采用提高气流速度的方式来补偿室内温度的上升，即室内舒适温度上限可进一步提高，提高幅度如表5-6所示。

表5-6 室内平均气流速度对应的室内舒适温度上限值提高幅度

室内气流平均速度 v_a（m/s）	$0.3<v_a\leq0.6$	$0.6<v_a\leq0.9$	$0.9<v_a\leq1.2$
舒适温度上限提高幅度 Δt（℃）	1.2	1.8	2.2

例如，当室外月平均温度为20℃，且$v_a\leq0.3$m/s时，室内舒适温度区间为20.5℃～27.5℃，若提高室内气流平均速度，且0.3m/s$<v_a\leq0.6$m/s时，舒适温度上限可提高1.2℃，即室内舒适温度区间为20.5℃～28.7℃，若进一步提高室内气流平均速度，并且0.6m/s$<v_a\leq0.9$m/s时，舒适温度上限可提高1.8℃，即室内舒适温度区间为20.5℃～29.3℃，若再提高室内气流平均速度v_a，并且0.9m/s$<v_a\leq1.2$m/s时，舒适温度上限可提高2.2℃，即室内舒适温度区间为20.5℃～29.7℃。

第2款，供暖、空调工况指采用人工冷热源系统的工况，人工冷热源系统既包含集中供暖空调系统，也包含分散式的散热器（或地暖）供暖系统、分体空调等方式。人工冷热源热湿环境整体评价指标应包括预计平均热感觉指标（PMV）和预计不满意者的百分数（PPD）。其中，PMV和室内空气温度、辐射温度、相对湿度、气流速度、人体代谢率以及人员着装水平有关。PMV和PPD可利用热舒适计算工具计算，也可参考国家标准《民用建筑室内热湿环境评价标准》GB/T 50785-2012的相关规定进行计算。人体代谢率和人员着装水平可按照国家标准《民用建筑室内热湿环境评价标准》GB/T 50785-2012附录B和附录C查询。例如，对于典型办公室，夏季建议采用"衬裤、短袖衬衫、轻便裤子、薄短袜、鞋"的全套服装，其热阻值为0.50clo，冬季建议采用"衬内裤、衬衫、长裤、夹克、袜、鞋"的全套服装，其热阻值为1.0clo。考虑标准办公椅热阻为0.1clo，则办公室人员夏季和冬季典型套装热阻值分别为0.6clo和1.1clo，对于特殊职业着装的房间，其服装热阻取值按实际设计确定。若人员在办公室的活动状态为静坐阅读，代谢率按照1.0met确定；若为打字，按照1.1met确定；若为整理文件，按照1.2met确定。对于人员活动状态与办公环境不同的，取值按实际设计确定。

第3款，一般情况下，建筑在全年运行中会在过渡季采用自然通风，或自然通风和机械通风相结合的复合通风来改善室内热湿环境，在夏季和冬季采用人工冷热源系统来进行供冷和供暖，那么则采用第1款和第2款综合的评分方式，依据运行模式在全年运行时长比例进行加权平均计算。例如，对于某城市，供冷季运行时长为5月15日-9月15日，供暖季运行时长为11月15日-3月15日，其余时段为过渡季自然通风或复合通风时段，则综合得分为：1/3×第1款得分+2/3×第2款得分。

国家标准《民用建筑室内热湿环境评价标准》GB/T 50785-2012

4.2.1 对于人工冷热源热湿环境，设计评价的方法应按表4.2.1选择，工程评价的方法宜按表4.2.1选择。当工程评价不具备按表4.2.1执行的条件时，可采用由第三方进行大样本问卷调查法。调查问卷应按本标准附录A执行，代谢率应按本标准附录B执行，服装热阻应按本标准附录C执行，体感温度的计算应按本标准附录D执行。

表 4.2.1 人工冷热源热湿环境的评价方法

冬季评价条件		夏季评价条件		评价方法
空气流速 (m/s)	服装热阻 (clo)	空气流速 (m/s)	服装热阻 (clo)	
$v_a \leqslant 0.20$	$I_{cl} \leqslant 1.0$	$v_a \leqslant 0.25$	$I_{cl} \leqslant 0.5$	计算法或图示法
$v_a > 0.20$	$I_{cl} > 1.0$	$v_a > 0.25$	$I_{cl} > 0.5$	图示法

4.2.3 整体评价指标应包括预计平均热感觉指标(PMV)、预计不满意者的百分数(PPD),PMV-PPD 的计算程序应本标准附录 E 执行;局部评价指标应包括冷吹风感引起的局部不满意率(LPD_1)、垂直空气温度差引起的局部不满意率(LPD_2)和地板表面温度引起的局部不满意率(LPD_3),局部不满意率的计算应按本标准附录 F 执行。

4.2.4 对于人工冷热源热湿环境的评价等级,整体评价指标应符合表 4.2.4-1 的规定,局部评价指标应符合表 4.2.4-2(略)的规定。

表 4.2.4-1 整体评价指标

等级	整体评价指标	
Ⅰ级	$PPD \leqslant 10\%$	$-0.5 \leqslant PMV \leqslant +0.5$
Ⅱ级	$10\% < PPD \leqslant 25\%$	$-1 \leqslant PMV < -0.5$ 或 $+0.5 < PMV \leqslant +1$
Ⅲ级	$PPD > 25\%$	$PMV < -1$ 或 $PMV > +1$

B.0.2 常见活动的代谢率可按表 B.0.2 取值。

表 B.0.2 常见活动的代谢率

常见活动		代谢率		
		W/m²	met	kcal(min·m²)
斜倚		46.52	0.8	0.67
坐姿,放松		58.15	1.0	0.83
坐姿活动(办公室、居住建筑、学校、实验室)		69.78	1.2	1.00
立姿,放松		81.41	1.4	1.17
立姿,轻度活动(购物、实验室工作、轻体力工作)		93.04	1.6	1.33
立姿,中度活动(商店售货、家务劳动、机械工作)		116.30	2.0	1.66
平地步行	2km/h	110.49	1.9	1.58
	3km/h	139.56	2.4	2.00
	4km/h	162.82	2.8	2.33
	5km/h	197.71	3.4	2.83

对于公共建筑，要求以标准层为基础，标准层各类房间抽样数量不少于该类功能房间总数的2%，每类主要功能房间抽样数量不少于3间，若主要功能房间位于外区，还应考虑不同朝向，前厅、接待台类功能间可不少于1间。对于住宅建筑，要求抽样户数不少于总户数的2%，覆盖典型户型，且每个单体建筑不少于3户。

【具体评价方式】

本条适用于各类民用建筑的预评价、评价。

预评价，查阅建筑、暖通专业施工图纸及设计说明，第1款还查阅室内温度模拟分析报告、舒适温度预计达标比例分析报告；第2款还查阅CFD气流组织模拟报告，PMV、PPD预计达标比例分析报告，若项目满足5.1.6条，则可不提供PMV、PPD预计达标比例分析报告。

评价查阅预评价涉及内容的竣工文件，第1款还查阅室内温度模拟分析报告、舒适温度预计达标比例分析报告；第2款还查阅CFD气流组织模拟报告，PMV、PPD预计达标比例计算分析报告。对于投入使用的项目，应以基于实测数据的分析报告替代前述各项模拟、预计分析报告，并附相关实测数据。

第1款要求的环境数据主要是室内干球温度和气流速度。对于实测数据：室内干球温度应进行运行时长连续两周的监测，监测数据宜每10min记录一次，最大时间间隔不超过30min，室内气流平均速度采用室内运行典型工况下实测值；对于室外温度，可采用气象数据或实际监测数据，其中，监测数据宜每小时记录一次。

第2款要求的环境数据主要是包括室内干球温度、湿度、气流速度和辐射温度，对于计算数据：室内干球温度、湿度、气流速度采用设计值，辐射温度可近似等同于室内干球温度。对于实测数据：室内干球温度和湿度应选择空调季和供暖季典型月份为期至少两周的连续测试，监测数据宜每10min记录一次，最大时间间隔不超过30min；气流速度和辐射温度采用室内运行典型工况下实测值。

5.2.10 优化建筑空间和平面布局，改善自然通风效果，评价总分值为8分，并按下列规则评分：

1 住宅建筑：通风开口面积与房间地板面积的比例在夏热冬暖和温和B地区达到12%，在夏热冬冷和温和A地区达到8%，在其他地区达到5%，得5分；每再增加2%，再得1分，最高得8分。

2 公共建筑：过渡季典型工况下主要功能房间平均自然通风换气次数不小于2次/h的面积比例达到70%，得5分；每再增加10%，再得1分，最高得8分。

【条文说明扩展】

第1款，对住宅建筑的每个户型主要功能房间（主要考核卧室、起居室、书房及厨房）的通风开口面积与该房间地板面积的比例进行简化判断，其中厨房的通风开口面积与该房间地板面积的比例除满足本条第1款得分规定外，尚应符合强制性工程建设规范《住宅项目规范》GB 55038-2025中第6.3.3条的规定。对于通风开口面积的确定，通风开口面积强调门窗用于通风的开启功能。当平开门窗、悬窗、翻转窗的最大开启角度小于

45°时，通风开口面积应按外窗可开启面积的 1/2 计算，或根据实际有效通风面积计算。宿舍建筑及住宅式公寓按本款的要求执行。

> 《住宅项目规范》GB 55038-2025
> **6.3.3** 每套住宅的自然通风开口面积不应小于地面面积的 5%。卧室、起居室、厨房应能自然通风，并应符合下列规定：
> **1** 卧室、起居室的直接自然通风开口面积不应小于该房间地面面积的 5%；当房间外设置阳台时，阳台的自然通风开口面积不应小于房间和阳台地面面积总和的 5%。
> **2** 厨房的自然通风开口面积不应小于该房间地面面积的 10%，且不应小于 0.60m²；当厨房外设置阳台时，阳台的自然通风开口面积不应小于厨房和阳台地面面积总和的 10%，且不应小于 0.60m²。

第 2 款，公共建筑需对过渡季节典型工况下主要功能房间的平均自然通风换气次数进行模拟（对于高大空间，主要考虑 3m 以下的活动区域）。当评估单个计算区域或房间内空气混合均匀时的建筑各区域或房间自然通风效果时，宜采用区域网络模拟方法；当描述单个区域或房间内的自然通风效果时，宜采用 CFD 分布参数计算方法。具体计算可参照行业标准《民用建筑绿色性能计算标准》JGJ/T 449-2018 第 6.2.2 条、第 6.2.3 条相关规定。当公共建筑层数超过 18 层时，只计算 18 层及以下楼层自然通风换气次数不小于 2 次/h 的面积比例。

> 《民用建筑绿色性能计算标准》JGJ/T 449-2018
> **6.2.1** 自然通风计算可采用区域网络模拟法或基于 CFD 的分布参数计算方法，且应符合下列规定：
> **1** 当评估单个计算区域或房间内空气混合均匀时的建筑各区域或房间自然通风效果时，宜采用区域网络模拟方法；
> **2** 当描述单个区域或房间内的自然通风效果时，宜采用 CFD 分布参数计算方法。
> **6.2.2** 当采用区域网络模拟方法计算自然通风时，计算过程应包括下列内容：
> **1** 建筑通风拓扑路径图，及据此建立的物理模型；
> **2** 通风口阻力模型及参数；
> **3** 通风口压力边界条件；
> **4** 其他边界条件，包括热源、通风条件、时间进度、室内温湿度，以及污染源类型、污染源数量、污染源特性等；
> **5** 模型简化说明。
> **6.2.3** 当采用 CFD 分布参数计算方法计算自然通风时，宜采用室内外联合模拟法或室外、室内分步模拟法，且应符合下列规定：
> **1** 计算域的确定应符合下列规定：
> 1）当采用室内外联合模拟方法时，室外模拟计算域应按本标准第 4.2 节的规定确定；

5 健康舒适

> 2）当采用室外、室内分步模拟法时，室外模拟计算域应按本标准第4.2节的规定确定，室内模拟计算域边界应为目标建筑外围护结构。
>
> 2 物理模型的构建应符合下列规定：
> 1）建筑门窗等通风口应根据常见的开闭情况进行建模；
> 2）建筑门窗等通风口开口面积应按实际的可通风面积设置；
> 3）建筑室内空间的建模对象应包括室内隔断。
>
> 3 网格的优化应符合下列规定：
> 1）当采用室内外联合模拟的方法时，宜采用多尺度网格，其中室内的网格应能反映所有阻隔通风的室内设施，且网格过渡比不宜大于1.5；
> 2）当采用室外、室内分步模拟的方法时，室内的网格应能反映所有阻隔通风的室内设施，通风口上宜有9个（3×3）及以上的网格。
>
> 4 应根据计算对象的特征和计算目的，选取合适的湍流模型。室外风环境模拟的边界条件应符合本标准第4.2节的规定，室内风环境模拟宜采用标准k-ε模型及其修正模型。
>
> 5 当采用室外、室内分步模拟法时，室内模拟的边界条件宜按稳态处理，且应符合下列规定：
> 1）应通过室外风环境模拟结果获取各个建筑门窗开口的压力均值；
> 2）当计入热压效应引起的自然通风时，应计入室内热源、围护结构得热等因素的影响，空气密度应符合热环境下的变化规律，且宜采用布辛涅斯克（Boussinesq）假设或不可压理想气体状态方程。

自然通风换气次数模拟报告内容要求详见行业标准《民用建筑绿色性能计算标准》JGJ/T 449-2018附录A.0.5。

【具体评价方式】

本条适用于各类民用建筑的预评价、评价。

预评价查阅建筑施工图设计说明、平立剖面图、门窗表等设计文件，第1款还查阅住宅建筑外窗可开启面积比例计算书；第2款还查阅公共建筑室内自然通风模拟分析报告。

评价查阅预评价涉及内容的竣工文件，第1款还查阅住宅建筑外窗可开启面积比例计算书；第2款还查阅公共建筑室内自然通风模拟分析报告。

5.2.11 设置可调节遮阳设施，改善室内热舒适，评价总分值为9分，根据可调节遮阳设施的面积占外窗透明部分的比例按表5.2.11的规则评分。

表5.2.11 可调节遮阳设施的面积占外窗透明部分比例评分规则

可调节遮阳设施的面积占外窗透明部分比例 S_z	得分
25%≤S_z<35%	3
35%≤S_z<45%	5
45%≤S_z<55%	7
S_z≥55%	9

5.2 评 分 项

【条文说明扩展】

本条所述的可调节遮阳设施包括活动外遮阳设施（含电致变色玻璃）、中置可调遮阳设施（中空玻璃夹层可调内遮阳）、固定外遮阳（含建筑自遮阳）加内部高反射率（全波段太阳辐射反射率大于 0.50）可调节遮阳设施、太阳辐射全波段反射率大于 0.6 的高反射率可调内遮阳设施等。其中，固定外遮阳指建筑设计包含 300mm 以上的挑檐、阳台或立面构造。

本条涉及的各种遮阳，均为设计图纸上有的遮阳设施，竣工交付时可现场核查。对于条文中没有提及的遮阳方式，可根据建筑各朝向房间具体遮阳效果对遮阳方式修正系数 η 进行折算，但是最低遮阳效果不得低于遮阳方式修正系数最低档对应的可调节遮阳设施效果。本条所述的外窗应包含立面外窗和屋顶天窗。

《公共建筑节能设计标准》GB 50189-2015

3.2.5 夏热冬暖、夏热冬冷、温和地区的建筑各朝向外窗（包括透光幕墙）均应采取遮阳措施；寒冷地区的建筑宜采取遮阳措施。当设置外遮阳时应符合下列规定：
1 东西向宜设置活动外遮阳，南向宜设置水平外遮阳；
2 建筑外遮阳装置应兼顾通风及冬季日照。

《严寒和寒冷地区居住建筑节能设计标准》JGJ 26-2018

4.2.4 寒冷 B 区建筑的南向外窗（包括阳台的透光部分）宜设置水平遮阳。东、西向的外窗宜设置活动遮阳。当设置了展开或关闭后可以全部遮蔽窗户的活动式外遮阳时，应认定满足本标准第 4.2.2 条对外窗太阳得热系数的要求。

《夏热冬冷地区居住建筑节能设计标准》JGJ 134-2010

4.0.7 东偏北 30°至东偏南 60°、西偏北 30°至西偏南 60°范围内的外窗应设置挡板式遮阳或可以遮住窗户正面的活动外遮阳，南向的外窗宜设置水平遮阳或可以遮住窗户正面的活动外遮阳。各朝向的窗户，当设置了可以完全遮住正面的活动外遮阳时，应认为满足本标准表 4.0.5-2 对外窗的要求。

《温和地区居住建筑节能设计标准》JGJ 475-2019

4.4.5 天窗应设置活动遮阳，宜设置活动外遮阳。

本条提出了依据各类遮阳方式修正系数不同来进行评价的计算方法。遮阳设施的面积占外窗透明部分比例 S_z 按下式计算：

$$S_z = S_{z0} \cdot \eta \tag{5-3}$$

式中，η——遮阳方式修正系数。对于活动外遮阳设施，η 为 1.2；对于中置可调遮阳设施，η 为 1；对于固定外遮阳加内部高反射率可调节遮阳设施，η 为 0.8；对于可调内遮阳设施，η 为 0.6。

S_{z0}——遮阳设施应用面积比例。活动外遮阳、中置可调遮阳和可调内遮阳设施，可直接取其应用外窗的比例，即装置遮阳设施外窗面积占所有外窗面积的比例；对于固定外遮阳加内部高反射率可调节遮阳设施，按大暑日 9:00-17:00 之间所有整点时刻其有效遮阳面积比例平均值进行计算，即该期间所有整点时刻其在所有外窗的投影面积占所有外窗面积比例的平均值。

注意：对于按照大暑日 9:00-17:00 之间整点时刻没有阳光直射的透明围护结构，不计入计算。

【具体评价方式】

本条适用于各类民用建筑的预评价、评价。全年空调度日数（CDD26）值小于 10℃·d 的严寒地区、寒冷地区，以及最热月平均温度不高于 22℃ 的温和地区的建筑，本条可直接得分。以上主要是考虑我国地域广阔，气候多样，对于严寒和寒冷地区，存在夏季炎热度日数较大的地区，因此提出了全年空调度日数（CDD26）的限制条件；对于温和地区，当最热月月均气温高于 22℃ 时，在气温波动和太阳辐射作用下，房间容易出现过热，因此对于这类地区建筑也应采取遮阳措施。

预评价查阅建筑专业设计说明、门窗表、立面图，遮阳装置图纸（遮阳系统详细的控制安装节点图、遮阳系统的平、立面图）等设计文件，遮阳产品说明书，可调节遮阳设施的面积占外窗透明部分比例计算书（应包含可调节遮阳形式说明、控制措施、可调遮阳覆盖率计算过程及结论，并且应对建筑透明围护结构总面积，有太阳直射部分的面积以及采取可调节遮阳措施的面积进行分项统计）。

评价查阅预评价涉及内容的竣工文件，还查阅遮阳装置产品说明书、招标文件、采购合同，可调节遮阳设施的面积占外窗透明部分比例计算书。

6 生 活 便 利

6.1 控 制 项

6.1.1 建筑、室外场地、公共绿地、城市道路相互之间应设置连贯的无障碍步行系统。

【条文说明扩展】

本条要求应在满足现行强制性工程建设规范《建筑与市政工程无障碍通用规范》GB 55019、《住宅项目规范》GB 55038 及国家标准《无障碍设计规范》GB 50763 的基本规定基础上，建筑及其室外场地中的缘石坡道、无障碍出入口、轮椅坡道、无障碍通道、门、楼梯、台阶、扶手等应满足标准中的无障碍设施设计要求，并应保证无障碍步行系统的连贯性；对项目基地范围内的室外场地无障碍路线应进行合理规划，确保室外场地的人行通道联通建筑的主要出入口、附属道路、集中绿地和老年人与儿童活动场地等公共空间以及项目基地外部的公共绿地和城市道路，形成连续、完整的无障碍步行系统。

现行国家标准《城市居住区规划设计标准》GB 50180 规定，公共绿地为各级生活圈居住区配建的、可供居民游憩或开展体育活动的公园绿地及街头小广场。据此，本条所指公共绿地，是提供了休憩交往空间或文体活动空间的绿地。

在无障碍系统设计中，场地内盲道和无障碍标识的设置不作为本条评价重点。

【具体评价方式】

本条适用于各类民用建筑的预评价、评价。

预评价查阅建筑施工图设计说明，重点审核室外场地的无障碍设计内容；建筑总平面施工图和场地竖向设计施工图，重点审核建筑主要出入口、人行通道、室外活动场地等部位的无障碍设计内容；室外景观园林平面施工图，重点审核场地人行通道、室外绿化小径和活动场地的无障碍设计内容。

评价查阅预评价涉及内容的竣工文件，查阅无障碍设计重点部位的实景影像资料。

6.1.2 场地人行出入口 500m 内应设有公共交通站点或配备联系公共交通站点的专用接驳车。

【条文说明扩展】

本条要求绿色建筑应首先满足使用者绿色出行的基本要求。强调的 500m 步行距离在国家标准《城市综合交通体系规划标准》GB/T 51328-2018 和《城市居住区规划设计标准》GB 50180-2018 中均有具体要求。

6 生活便利

> 《城市综合交通体系规划标准》GB/T 51328-2018
> 9.2.2 城市公共汽电车的车站服务区域，以300m半径计算，不应小于规划城市建设用地面积的50%；以500m半径计算，不应小于90%。
>
> 《城市居住区规划设计标准》GB 50180-2018
> 附录C：公交车站服务半径不宜大于500m。

本条强调了以人步行到达公共交通站点（含轨道交通站点）不超过500m作为绿色建筑与公共交通站点设置的合理距离，明确了建筑使用者应具备利用公共交通出行的便利条件。在项目规划布局时，应充分考虑场地步行出入口与公共交通站点的有机联系，创造便捷的公共交通使用条件。对于没有公共交通服务的小城市或乡镇地区，1000m范围内设有长途汽车站、城市（或城际）轨道交通站，即为符合本条规定。当有些项目确因地处新建区暂时无法提供公共交通服务时，配备专用接驳车联系公共交通站点，为建筑使用者提供出行方便，视为本条通过。专用接驳车是指具有与公共交通站点接驳、能够提供定时定点服务、并已向使用者公示、提供合法合规服务的车辆。

【具体评价方式】

本条适用于各类民用建筑的预评价、评价。

预评价查阅建设项目规划设计总平面图、场地周边公共交通设施布局示意图等规划设计文件，重点审核场地出入口到达公交站点的步行线路和距离；提供专用接驳车的项目，查阅设计与运行管理方案。

评价查阅预评价涉及内容的竣工文件，重点审核建设项目场地出入口与公交站点的实际距离等相关证明材料；查阅接驳车服务相关落实情况的证明材料。

6.1.3 停车场应具有电动汽车充电设施或具备充电设施的安装条件，并应合理设置电动汽车和无障碍汽车停车位。

【条文说明扩展】

对电动汽车停车位及充电设施和无障碍机动车停车位提出了要求。本条强调两部分内容，一是电动汽车和无障碍汽车停车位要求，二是电动汽车停车位充电设施要求。

对于停车位要求：电动汽车停车位，应根据所在地配套数量要求合理布置。根据国家标准《电动汽车分散充电设施工程技术标准》GB/T 51313-2018要求，新建住宅配建停车位应100%建设充电设施或预留建设安装条件，大型公共建筑配建停车场、社会公共停车场建设充电设施或预留建设安装条件的车位比例不应低于10%；电动汽车停车位宜选取停车场中集中停车区域设置；地面停车场电动汽车停车位宜设置在出入便利的区域，但不宜设置在靠近主要出入口和公共活动场所附近；地下停车场电动汽车停车位宜设置在靠近地面层区域，但不宜设置在主要交通流线附近。对于无障碍汽车停车位，应满足强制性工程建设规范《建筑与市政工程无障碍通用规范》GB 55019-2021配置数量要求，总停车数在100辆以下时应至少设置1个无障碍机动车停车位，100辆以上时应设置不少于总停车数1%的无障碍机动车停车位；城市广场、公共绿地、城市道路等场所的停车位应设

6.1 控 制 项

置不少于总停车数 2% 的无障碍机动车停车位。无障碍机动车停车位应将通行方便、路线短的停车位设为无障碍机动车停车位；该规范第 2.9 节对无障碍机动车停车位、上客和落客区，有明确规定。

对于电动汽车停车位充电设施要求：为贯彻落实国家发展改革委、国家能源局、工业和信息化部、住房城乡建设部《电动汽车充电基础设施和发展指南（2015-2020）》的要求，满足电动汽车发展的需求，本条明确了机动车停车场（库）电动汽车充电设施要求。电动汽车充电基础设施建设应在贯彻国家法律、法规，符合地区国民经济和社会发展规划的整体要求前提下，直接建设数量至少应达到当地相关规定要求，并与配电网建设规划相协调。其余车位应 100% 预留安装条件，充电设施供电系统的消防安全应符合现行行业标准《电力设备典型消防规程》DL 5027 的有关规定，建设中应符合消防安全、供用电安全、环境保护的要求。电动汽车充电基础设施建设，应纳入工程建设预算范围、随工程统一设计与施工完成直接建设或做好预留。

对于直接建设的充电车位，应做到低压柜安装第一级配电开关，安装干线电缆，安装第二级配电区域总箱，敷设电缆桥架、保护管及配电支路电缆到充电桩位，充电桩可由运营商随时安装在充电基础设施上。对于预留条件的充电车位，至少应预留外电源管线、变压器容量，第一级配电应预留低压柜安装空间、干线电缆敷设条件，第二级配电应预留区域总箱的安装空间与接入系统位置和配电支路电缆敷设条件，以便按需建设充电设施（表6-1）。

表 6-1 配建充电基础设施工程做法表

项目		对应工程	
		直接建设	预留条件
外电源管线		●	○
变压器		●	○
第一级配电	低压配电柜	●	○
	母线、电缆桥架、保护管	●	●
	干线电缆	●	○
第二级配电	区域总箱	●	○
	电缆桥架、保护管	●	●
	配电支路电缆	●	○

注：●表示充电车位需要随土建工程竣工完成的基础设施建设项目。
○表示充电车位需要在土建工程竣工时预留安装空间的基础设施建设项目。

电动汽车停车位配建指标以内的充电负荷，优先兼用建筑常规配电变压器供电，超出电动汽车停车位配建指标且经评估负载率超过建筑常规配电变压器经济运行区间的充电负荷，应增设充电专用变压器供电，变压器的能效等级宜不低于 2 级。

> 《电动汽车分散充电设施工程技术标准》GB/T 51313-2018
> 3.0.2 分散充电设施的类型和规模宜结合电动汽车的充电需求和停车位分布进行规划，并应符合下列规定：
> 1 新建住宅配建停车位应 100% 建设充电设施或预留建设安装条件；

6 生活便利

> 2 大型公共建筑物配建停车场，社会公共停车场建设充电设施或预留建设安装条件的车位比例不应低于10%；
> 3 既有停车位配建分散充电设施，宜结合电动汽车的充电需求和配电网现状合理规划、分步实施。
>
> 3.0.3 在用户居住地停车位、单位停车场配建的充电设备宜采用交流充电方式，公共建筑物停车场、社会公共停车场、路内临时停车位配建充电设备宜采用直流充电方式。
>
> 《建筑与市政工程无障碍通用规范》GB 55019-2021
>
> 2.9.1 应将通行方便、路线短的停车位设为无障碍机动车停车位。
> 2.9.2 无障碍机动车停车位一侧，应设宽度不小于1.20m的轮椅通道。轮椅通道与其所服务的停车位不应有高差，和人行通道有高差处应设置缘石坡道，且应与无障碍通道衔接。
> 2.9.3 无障碍机动车停车位的地面坡度不应大于1∶50。
> 2.9.4 无障碍机动车停车位的地面应设置停车线、轮椅通道线和无障碍标志，并应设置引导标识。
> 2.9.5 总停车数在100辆以下时应至少设置1个无障碍机动车停车位，100辆以上时应设置不少于总停车数1%的无障碍机动车停车位；城市广场、公共绿地、城市道路等场所的停车位应设置不少于总停车数2%的无障碍机动车停车位。
> 2.9.6 无障碍小汽（客）车上客和落客区的尺寸不应小于2.40m×7.00m，和人行通道有高差处应设置缘石坡道，且应与无障碍通道衔接。

【具体评价方式】

本条适用于各类民用建筑的预评价、评价。

预评价查阅建筑专业总平面图、设计说明、含机动车车位布置的平面图等，包括电动汽车停车位和无障碍停车位设计内容；电气专业设计说明、配电系统图、计量与监控系统图，以及体现停车场管理系统、充电管理系统等设计内容的弱电系统框图、示意图、统计表等。

评价查阅预评价涉及内容的竣工文件，还查阅电动汽车停车位及充电设施、无障碍停车位的实景影像资料。

6.1.4 自行车停车场所应位置合理、方便出入。

【条文说明扩展】

强制性工程建设规范《住宅项目规范》GB 55038-2025第2.1.3条规定住宅项目场地应包括道路、绿地、非机动车停车场所等。本条对于配建自行车停车场所的建设项目，强调自行车停车场所要位置合理，方便出入，以此鼓励绿色出行。现行国家标准《城市步行和自行车交通系统规划标准》GB/T 51439规定，自行车停放空间应满足各类自行车的停放需求。自行车停放设施，应靠近目的地设置，并与其他交通方式便捷衔接。现行国家标准《城市综合交通体系规划标准》GB/T 51328规定，非机动车停车场应满足非机动车的各类停放需求，宜在地面设置，并与非机动车交通网络相衔接。自行车停车场所应规模

6.1 控 制 项

适度、布局合理，符合使用者出行习惯。此外，电动自行车以其经济、便捷的特点，成为群众出行的重要交通工具。与此同时，特别是住宅小区内因电动自行车乱停乱放、充电不规范等原因频繁引发安全事故，造成经济损失。因此，本条要求在场地规划设计时，应根据当地情况，合理设置电动自行车停车场地。国家标准《电动自行车安全技术规范》GB 17761-2018明确电动自行车属非机动车属性，电动自行车是以车载蓄电池作为辅助能源，具有脚踏骑行能力，能实现电助动或/和电驱动功能的两轮自行车。近年，部分省市发布了居住项目的电动自行车停车位指标，要求加强新建居住项目电动自行车停放场所和充电设施建设，如北京市出台了地方标准《电动自行车停放场所防火设计标准》DB11/1624-2019，对电动自行车停放场所提出了相关要求。本条要求停放电动自行车的自行车停车场所，电动自行车停车位宜优先设置在地面，避免设置在人防工程内。在地下或半地下设置电动自行车停车位时，应设置相应坡道供电动自行车推行，方便出入。电动自行车每车可按 2.0m² 计算。电动自行车停放车位应相对集中设置，并集中设置充换电区，且考虑充电设施的安全性，可采用专用充电设施，充电设施宜采用充电柜，且充电设施附近应有电气安全防护措施。充电场所及设施建设应符合现行强制性工程建设规范《建筑防火通用规范》GB 55037 及其他当地的相关标准和规定，合理确定设置位置、防火间距和消防设施等，并结合电动自行车的特点，采取有效的防火措施，做到安全可靠、因地制宜、经济适用。

> 《城市综合交通体系规划标准》GB/T 51328-2018
> 13.2.1 非机动车停车场应满足非机动车的各类停放需求，宜在地面设置，并与非机动车交通网络相衔接。可结合需求设置分时租赁非机动车停车位。
> 13.2.2 公共交通站点及周边，非机动车停车位供给宜高于其他地区。
> 13.2.3 非机动车路内停车位应布设在路侧带内，但不应妨碍行人通行。
> 13.2.4 非机动车停车场可与机动车停车场结合设置，但进出通道应分开布设。
> 13.2.5 非机动车的单个停车位面积宜取 1.5m²～1.8m²。
>
> 《城市步行和自行车交通系统规划标准》GB/T 51439-2021
> 7.5.2 单个自行车停车位尺寸宽度宜为 0.6m～0.8m，长度为 2.0m。空间不足时，应斜向设置停车位或采用立体停车方式。
> 7.5.3 自行车停放设施，应靠近目的地设置，并与其他交通方式便捷衔接。
> 7.5.4 自行车停车设施布局应符合以下要求：
> 1 自行车停车设施宜结合道路机非隔离带、行道树设施带及绿化设施带布设，禁止占用盲道空间；
> 2 住宅小区、大型公共建筑、交通枢纽等自行车停放需求较大的区域，应按照配建指标配置自行车停车设施，并设置相应的标志标线；
> 3 施划路内机动车停车泊位的路段，当自行车停车需求较大时，可利用机动车停车空间设置自行车停车泊位，削减相应的机动车泊位数量；
> 4 轨道车站出入口周边、公交站点周边、学校、医院门前等对行人疏散要求较高的区域，应在不影响人流集散的前提下设置自行车停车设施，宜采用路外占地的方

式布设停车设施,且接驳距离不宜大于50m;

5 城市道路交叉口、地块机动车出入口等对机动车驾驶人视距有较高要求的地点,应施划自行车禁停区域;

6 自行车停车设施不得阻碍消防、逃生等应急通道,且不得侵占窨井、路牌等设施空间。

> 应急管理部令 第5号《高层民用建筑消防安全管理规定》
> 第三十七条 禁止在高层民用建筑公共门厅、疏散走道、楼梯间、安全出口停放电动自行车或者为电动自行车充电。
> 鼓励在高层住宅小区内设置电动自行车集中存放和充电的场所。电动自行车存放、充电场所应当独立设置,并与高层民用建筑保持安全距离;确需设置在高层民用建筑内的,应当与该建筑的其他部分进行防火分隔。
> 电动自行车存放、充电场所应当配备必要的消防器材,充电设施应当具备充满自动断电功能。

【具体评价方式】

本条适用于各类民用建筑的预评价、评价。预评价或评价时,对于不适宜使用自行车作为交通工具的情况(如山地城市/镇),应提供专项说明材料,经论证确实不适宜使用自行车作为交通工具的视为本条达标。不适宜使用自行车但电动自行车较多的城市,电动自行车停车场所也应满足本条要求,并符合电动自行车停车有关管理规定。

预评价查阅建筑专业总平面图、设计说明、自行车(含电动自行车)车位布置的平面图等,包括自行车停车场位置及其交通组织、自行车库/棚及附属设施等设计内容。自行车不适宜作为交通工具的地区应查阅场地地形图及专项说明材料。

评价查阅预评价涉及内容的竣工文件、相关专项说明材料,查阅自行车(含电动自行车)停车场所的现场影像资料。

6.1.5 建筑设备管理系统应具有自动监控管理功能。

【条文说明扩展】

现行强制性工程建设规范《建筑电气与智能化通用规范》GB 55024、《建筑节能与可再生能源利用通用规范》GB 55015均对建筑设备管理系统提出了一些具体要求,应遵照执行。现行行业标准《建筑设备监控系统工程技术规范》JGJ/T 334中给出了不同建筑设备常见的监控功能要求,可参照执行。

> 《建筑电气与智能化通用规范》GB 55024-2022
> 5.2.1 建筑设备管理系统设计应符合下列规定:
> 1 应支持开放式系统技术;
> 2 应具备系统自诊断和故障部件自动隔离、自动唤醒、故障报警及自动监控功能;

3 应具备参数超限报警和执行保护动作的功能，并反馈其动作信号；

4 建筑设备管理系统与其他建筑智能化系统关联时，应配置与其他建筑智能化系统的通信接口。

《建筑节能与可再生能源利用通用规范》GB 55015-2021

3.3.6 建筑面积不低于 20000m² 且采用集中空调的公共建筑，应设置建筑设备监控系统。

《建筑设备监控系统工程技术规范》JGJ/T 334-2014

4.1.2 监控系统的监控功能应根据监控范围和运行管理要求确定，并符合下列规定：

1 应具备监测功能；

2 应具备安全保护功能；

3 宜具备远程控制功能，并应以实现监测和安全保护功能为前提；

4 宜具备自动启停功能，并应以实现远程控制功能为前提；

5 宜具备自动调节功能，并应以实现远程控制功能为前提。

行业标准《建筑设备监控系统工程技术规范》JGJ/T 334-2014 第 4.1.2 条条文说明中指出，不同建筑设备的监控功能要求不尽相同，需要根据被监控设备种类和实际项目需求进行确定，比如暖通空调设备通常需要进行统一的自动控制，监控系统的监控内容通常包括第 1~5 项功能；供配电设备、电梯和自动扶梯一般自带专用控制单元，监控内容往往只有第 1、2 项功能；给水排水设备、照明系统的监控内容通常包括第 1~3 项功能，有条件时也可包括第 4、5 项功能。该规范第 4 章还分节对暖通空调、给水排水、供配电、照明、电梯与自动扶梯等不同建筑设备监控系统的监控功能提出了细化要求，指导相关系统设计落实。

实际工程实践中，考虑到项目功能需求、设备系统管理复杂度、经济性等因素，并非所有建筑都必须配置建筑设备管理系统并实现自动监控管理功能，不同规模、不同功能的建筑项目是否需要设置以及需设置的系统监控内容应根据实际情况合理确定、规范设置。比如当建筑项目未采用集中空调（例如全部采用分散式的房间空调器或自带监控系统的多联机等）、建筑设备形式较为简单，且公共建筑面积不大于 20000m² 时，对于其公共设施的监控可以不设建筑设备管理系统，但从节能降耗、加强智慧运营管理的角度，这类建筑应设置简易的节能控制措施，如对风机水泵的变频控制、不联网的就地控制器、简单的单回路反馈控制等，也能取得良好的效果，本条也可通过。

【具体评价方式】

本条适用于各类民用建筑的预评价、评价。未设置建筑设备管理系统的建筑，在提交合理充分的论述和证明材料后，本条直接通过。

预评价查阅建筑设备自控系统的设计说明、系统图、监控点位表、平面图、原理图等设计文件，相关设备使用说明书等。

评价查阅预评价涉及内容的竣工文件。投入使用的项目，尚应查阅运行记录和运行分析报告，重点审核系统对所连接设备进行监控管理的实际情况。

6.1.6 建筑应设置信息网络系统。

【条文说明扩展】

本条应根据现行强制性工程建设规范《建筑电气与智能化通用规范》GB 55024、国家现行标准《智能建筑设计标准》GB 50314 和《居住区智能化系统配置与技术要求》CJ/T 174，设置合理、完善的信息网络系统。

《建筑电气与智能化通用规范》GB 55024-2022

5.1.2 建筑物应设置信息网络系统。信息网络系统应满足建筑使用功能、业务需求及信息传输的要求，并应配置信息安全保障设备及网络安全管理系统。

《智能建筑设计标准》GB 50314-2015

4.4.9 信息网络系统应符合下列规定：

1 应根据建筑的运营模式、业务性质、应用功能、环境安全条件及使用需求，进行系统组网的架构规划；

2 应建立各类用户完整的公用和专用的信息通信链路，支撑建筑内多种类智能化信息的端到端传输，并应成为建筑内各类信息通信完全传递的通道；

3 应保证建筑内信息传输与交换的高速、稳定和安全；

4 应适应数字化技术发展和网络化传输趋势；对智能化系统的信息传输，应按信息类别的功能性区分、信息承载的负载量分析、应用架构形式优化等要求进行处理，并应满足建筑智能化信息网络实现的统一性要求；

5 网络拓扑架构应满足建筑使用功能的构成状况、业务需求及信息传输的要求；

6 应根据信息接入方式和网络子网划分等配置路由设备，并应根据用户工作业务特性、运行信息流量、服务质量要求和网络拓扑架构形式等，配置服务器、网络交换设备、信息通信链路、信息端口及信息网络系统等；

7 应配置相应的信息安全保障设备和网络管理系统，建筑物的信息网络系统与建筑物外部的相关信息网互联时，应设置有效抵御干扰和入侵的防火墙等安全措施；

8 宜采用专业化、模块化、结构化的系统架构形式；

9 应具有灵活性、可扩展性和可管理性。

《居住区智能化系统配置与技术要求》CJ/T 174-2003

10 通信网络子系统

本子系统是由居住区宽带接入网、控制网、有线电视网、电话网和家庭网所组成，提倡采用多网融合技术。

10.1 基本配置

> 10.1.1 居住区宽带接入网、控制网、有线电视网、电话网和家庭网各自成系统,采用多种布线方式,但要求科学合理、经济适用。
> 10.1.2 居住区宽带接入网的网络类型可采用以下所列类型之一或其组合:FTTx、HFC 和 xDSL 或其他类型的数据网络。
> 10.1.3 居住区宽带接入网应提供管理系统,支持用户开户、用户销户、用户暂停、用户流量时间统计、用户访问记录、用户流量控制等管理功能,使用户生活在一个安全方便的信息平台之上。
> 10.1.4 居住区宽带接入网应提供安全的网络保障。
> 10.1.5 居住区宽带接入网宜提供本地计费或远端拨号用户认证的计费功能。
> 10.2 可选配置
> 10.2.1 控制网中有关信息,通过小区宽带接入网传输到居住区物业管理中心计算机系统中,用于统一管理。
> 10.2.2 采用基于 IP 协议传输的智能终端,通过居住区宽带接入网集成到居住区物业管理中心计算机系统中,简化布线提高功能。
> 10.2.3 采用无线传输技术,特别是家庭网采用无线传输技术以简化布线,提高功能。
> 10.2.4 居住区宽带接入网除了承载传统的网络业务外,能够在该网络平台上开发增值业务。对于不同的业务和不同的用户能够区分其业务的带宽属性和业务优先级。

强制性工程建设规范《建筑电气与智能化通用规范》GB 55024-2022 第 5.1.2 条条文说明中指出,在信息时代,作为数据应用支撑的信息网络系统,已是现代建筑必要的基础设施。建筑内的信息网络系统一般分为业务信息网和智能化设施信息网,由物理线缆层、网络交换层、安全及安全管理系统、运行维护管理系统等组成,支持建筑内语音、数据、图像等多种类信息的传输。系统和信息的安全,是系统正常运行的前提,一定要保证。建筑内信息网络系统与建筑物外其他信息网互联时,必须采取信息安全防范措施,确保信息网络系统安全、稳定和可靠。现代建筑的业务运行、运营及管理等与信息系统的安全密切相关,如果信息系统受到破坏,将会带来巨大的损失。

【具体评价方式】

本条适用于各类民用建筑的预评价、评价。

预评价查阅智能化、装修等专业的信息网络系统设计文件,包括设计说明、系统图、机房设计、主要设备及参数等。

评价查阅预评价涉及内容的竣工文件。

6.1.7 生活便利相关技术要求应符合现行强制性工程建设规范《建筑与市政工程无障碍通用规范》GB 55019、《建筑电气与智能化通用规范》GB 55024、《建筑节能与可再生能源利用通用规范》GB 55015 等的规定。

【条文说明扩展】

本章从出行与无障碍、服务设施、智慧运行和运营管理等方面提出了评价要求,现行

6 生活便利

强制性工程建设规范《建筑与市政工程无障碍通用规范》GB 55019、《建筑电气与智能化通用规范》GB 55024、《建筑节能与可再生能源利用通用规范》GB 55015 等对于相关内容也都有所涉及，项目实施时均应当给予重视和落实。其中《建筑与市政工程无障碍通用规范》GB 55019 主要涉及"出行与无障碍"相关条款内容，《建筑电气与智能化通用规范》GB 55024 主要涉及"智慧运行"相关条款内容，《建筑节能与可再生能源利用通用规范》GB 55015 主要涉及"智慧运行"和"运营管理"相关条款内容，规范中的部分要求在这些条款的条文说明扩展中也有所提及。

【具体评价方式】

本条适用于各类民用建筑的预评价、评价。

预评价查阅相关设计文件。

评价查阅相关竣工图、必要的影像资料等。

6.2 评 分 项

Ⅰ 出行与无障碍

6.2.1 场地与公共交通站点联系便捷，评价总分值为 8 分，并按下列规则分别评分并累计：

1 场地出入口到达公共交通站点的步行距离不超过 500m，或到达轨道交通站的步行距离不大于 800m，得 2 分；场地出入口到达公共交通站点的步行距离不超过 300m，或到达轨道交通站的步行距离不大于 500m，得 4 分；

2 场地出入口步行距离 800m 范围内设有不少于 2 条线路的公共交通站点，得 4 分。

【条文说明扩展】

本条是在第 6.1.2 条基础上进一步评价公共交通的方便程度，本条所指公共交通站点包括公共汽车站和轨道交通站，明确了对公交站点、轨道交通站点以及多条公交线路站点的评分条件。建设项目应结合周边交通条件合理设置出入口（具体可见本细则第 6.1.2 条内容）。

【具体评价方式】

本条适用于各类民用建筑的预评价、评价。

预评价查阅建设项目规划设计总平面图、场地周边公共交通设施布局示意图等规划设计文件，重点审核场地到达出入口公交站点的步行线路和距离以及公交线路的设置情况。

评价查阅预评价涉及内容的竣工文件，重点审核建设项目场地出入口与公交站点的实际距离、公交线路的设置情况等相关证明材料。投入使用的项目，尚应提供公共交通站点的影像资料。

6.2.2 建筑室内公共区域满足全龄化设计要求，评价总分值为 8 分，并按下

6.2 评分项

列规则分别评分并累计：

1 建筑室内公共区域的墙、柱等处的阳角均为圆角，并设有安全抓杆或扶手，得5分；

2 设有可容纳担架的无障碍电梯，得3分。

【条文说明扩展】

第1款，建筑内公共区域应结合装修设计，保证在建筑行动流线上的使用安全，本款主要要求在学校、幼儿园、商业、娱乐、住宅等建筑中，在人流量大且集中的建筑出入口、门厅、走廊、楼梯等室内公共区域中，与人体高度接触较多的墙、柱等公共部位的阳角均采用圆角或防撞条，可以避免棱角或尖锐突出物给使用者，尤其是老人、行动不便者及儿童带来的安全隐患，当公共区域室内阳角为大于90°的钝角时，可不做圆角要求。同时，安全抓杆或扶手属于无障碍设施，主要使用在过道走廊两侧、公共卫生间墙面等位置，是一种帮助老年人、儿童和残障人士行走和上下的公共设施。设置具有防滑功能的、连贯、牢固、易于抓握的安全抓杆或扶手，有利于提高老年人和儿童的活动范围和保证基本安全。对于一般公共区域，可结合室内装修也可通过装饰部品设置隔绝，避免产生危险。

第2款，两层及两层以上的建筑应至少设有1部无障碍电梯，其中住宅建筑应每单元设置可容纳担架的电梯，公共建筑应至少设有1部可容纳担架的电梯，设有可容纳担架的电梯能保证建筑使用者出现突发病症时，更方便地利用垂直交通。可容纳担架的电梯尺寸应满足现行国家标准《电梯主参数及轿厢、井道、机房的型式与尺寸 第1部分：Ⅰ、Ⅱ、Ⅲ、Ⅳ类电梯》GB/T 7025.1的规定。

> 《建筑与市政工程无障碍通用规范》GB 55019-2021
>
> **2.6.2** 无障碍电梯的轿厢的规格应依据类型和使用要求选用。满足乘轮椅者使用的最小轿厢规格，深度不应小于1.4m，宽度不应小于1.10m。同时满足乘轮椅者使用和容纳担架的轿厢，如采用宽轿厢，深度不应小于1.5m，宽度不应小于1.6m；如采用深轿厢，深度不应小于2.1m，宽度不应小于1.10m。轿厢内部设施应满足无障碍要求。
>
> **2.6.4** 公共建筑内设有电梯时，至少应设置1部无障碍电梯。
>
> 《住宅设计规范》GB 50096-2011
>
> **6.4.2** 十二层及十二层以上的住宅，每栋楼设置电梯不应少于两台，其中应设置一台可容纳担架的电梯。

【具体评价方法】

本条适用于各类民用建筑的预评价、评价。单层建筑第2款直接得分，两层及以上建筑如无可容纳担架的无障碍电梯，第2款不得分。户内电梯不作要求。

预评价，第1款查阅建筑专业设计说明、平面图、室内设计专业设计说明、室内公共区域重点部位和区域装修平面图及节点详图，包括室内公共区域重点部位和区域墙、柱等

6 生活便利

阳角（小于或等于90度）、室内抓杆或扶手节点等设计内容；第2款查阅建筑专业设计说明、平面图、电梯详图等设计文件。

评价查阅预评价涉及内容的竣工文件，第2款还查阅特种设备（无障碍电梯）型式试验合格证明、产品说明书等质量证明文件。

Ⅱ 服务设施

6.2.3 提供便利的公共服务，评价总分值为10分，并按下列规则评分：

1 住宅建筑，满足下列要求中的4项，得5分；满足6项及以上，得10分。

　　1）场地出入口到达幼儿园的步行距离不大于300m；
　　2）场地出入口到达小学的步行距离不大于500m；
　　3）场地出入口到达中学的步行距离不大于1000m；
　　4）场地出入口到达医院的步行距离不大于1000m；
　　5）场地出入口到达群众文化活动设施的步行距离不大于800m；
　　6）场地出入口到达老年人日间照料设施的步行距离不大于500m；
　　7）场地周边500m范围内具有不少于3种商业服务设施。

2 公共建筑，满足下列要求中的3项，得5分；满足5项，得10分。

　　1）建筑内至少兼容2种面向社会的公共服务功能；
　　2）建筑向社会公众提供开放的公共活动空间；
　　3）电动汽车充电桩的车位数占总车位数的比例不低于10%；
　　4）周边500m范围内设有社会公共停车场（库）；
　　5）场地不封闭或场地内步行公共通道向社会开放。

【条文说明扩展】

第1款针对住宅建筑。本款与国家标准《城市居住区规划设计标准》GB 50180-2018进行了对接，居住区的配套设施是指对应居住区分级配套规划建设，并与居住人口规模或住宅建筑面积规模相匹配的生活服务设施；主要包括公共管理与公共服务设施、商业服务业设施、市政公用设施、交通场站及社区服务设施、便民服务设施。本款选取了居民使用频率较高或对便利性要求较高的配套设施进行评价，突出步行可达的生活便利性原则。本款要求场地出入口位置的规划设计应与建筑使用者出行需求相匹配，居民可方便到达周边的公共服务设施。本款中的医院含各级综合医院、专项医院以及社区卫生服务中心（街道医院）；群众文化活动设施含文化馆、文化宫、文化活动中心、老年人或儿童活动中心等市级、区级公共文化设施。商业服务设施依据国家标准《城市居住区规划设计标准》GB 50180-2018附录B，含商场、菜市场或生鲜超市、健身房、餐饮设施、银行营业网点、电信营业网点、邮政营业场所、其他等8项。

第2款针对公共建筑。公共建筑兼容2种及以上主要公共服务功能是指公共建筑设有与主要功能相适应的公共空间，提供2种及以上服务功能，可供不同业主单位共同使用或向社会公众开放。如建筑中设有共用的会议设施、展览设施、健身设施和餐饮设施等，或设有交往空间、休息空间等并提供休息座位、母婴室等，供公共建筑使用者休憩、沟通交流、开展聚集活动等。公共服务设施向社会开放共享的方式也具有多种形式，可以全时开放，也可根据自身使用情况错时开放。建筑向社会提供开放的公共空间和室外场地，既可增加公共活动空间提高各类设施和场地的使用效率，又可陶冶情操、增进社会交往。例如文化活动中心、图书馆、体育运动场、体育馆等，通过科学管理错时向社会公众开放；办公建筑的室外场地或公共绿地、停车库等在非办公时间向周边居民开放，会议室等向社会开放，商业建筑的屋顶绿化或室外绿地在非营业时间提供给公众休憩等，鼓励或倡导公共建筑附属的开敞空间全时或错时共享，尽可能提高使用效率，提高这些公共空间的社会贡献率。对于停车设施，一方面明确了配建停车位中提供电动汽车充电的车位数不应低于10%；此外，在周边合理的步行范围内建有社会公共停车场的，也可视为可对建筑使用者提供停车选择，提高了停车的便利性。对公共建筑而言，特别是占地较大的大型公共建筑，鼓励更多考虑城市交通的必要通道，结合周边实际情况通过规划设计尽可能向社会公众提供便捷的步行公共通道，为城市的公共出行提供方便。

本款对于中小学、幼儿园、社会福利等公共服务设施，因其建筑使用功能的特殊性，第1、2、5项可按照满足要求进行评价。

【具体评价方式】

本条适用于各类民用建筑的预评价、评价。宿舍建筑本条按第2款评价。

预评价查阅建设项目规划设计总平面图、场地周边公共服务设施布局示意图等规划设计文件，重点审核场地出入口到达相关设施的步行线路和距离。

评价查阅预评价涉及内容的竣工文件。投入使用的项目，尚应查阅设施向社会开放共享的管理办法、实施方案、使用说明、工作记录等。

6.2.4 城市绿地、广场及公共运动场地等开敞空间，步行可达，评价总分值为5分，并按下列规则分别评分并累计：

　　1 场地出入口到达城市公园绿地、居住区公园、广场的步行距离不大于300m，得3分；

　　2 到达中型多功能运动场地的步行距离不大于500m，得2分。

【条文说明扩展】

第1款，建筑基地的出入口能满足步行300m可到达任何1个城市公园绿地或城市广场的，满足本条评价要求。依据国家标准《城市居住区规划设计标准》GB 50180-2018，居住区公园是指各级生活圈居住区配套建设的具有一定规模，且能开展休闲、体育活动的，供周边居民免费使用的公园绿地；其用地规模不应小于4000m^2、宽度不应小于30m。

第2款，建筑基地的出入口能够满足步行500m可到达1处中型多功能运动场地的，满足本条评价要求。中型多功能运动场地可包括以下三种情况：第一，依据国家标准《城市居住区规划设计标准》GB 50180-2018，用地面积在1310m^2～2460m^2，宜集中设置篮球、排球、5人足球的体育活动场地；第二，其他对外开放的专用运动场，如学校的运动场，符合中型多功能运动场要求且向社会公众开放（含错时开放）；第三，体育建筑建设项目，配有400m跑道运动场并可开展足球、篮球、排球等运动。

【具体评价方式】

本条适用于各类民用建筑的预评价、评价。

预评价查阅建设项目规划设计总平面图、场地周边公共服务设施布局示意图等规划设计文件，重点审核场地出入口到达相关设施的步行线路和距离。

评价查阅预评价涉及内容的竣工文件，重点审核建设项目场地出入口与相关开敞空间的实际距离、影像资料等。

6.2.5 合理设置健身场地和空间，评价总分值为10分，并按下列规则分别评分并累计：

  1 室外健身场地面积不少于总用地面积的0.5%，得3分；

  2 设置宽度不少于1.25m的专用健身慢行道，健身慢行道长度不少于用地红线周长的1/4且不少于100m，得2分；

  3 室内健身空间的面积不少于地上建筑面积的0.3%且不少于60m^2，得3分；

  4 楼梯间具有天然采光和良好的视野，且距离主入口的距离不大于15m，得2分。

【条文说明扩展】

第1款，国家标准《城市社区多功能公共运动场配置要求》GB/T 34419-2017提出充分考虑社区所在地的气候、人文和民族特点，选择设置当地群众喜爱的体育项目。国家标准《城市居住区规划设计标准》GB 50180-2018提出室外综合健身场地（含老年户外活动场地和儿童活动场地）的服务半径不宜大于300m。如项目本身无室外健身场地，本款不得分。室外健身场地面积不包含健身步道的用地面积。

第2款，健身慢行道是指在场地内设置的供人们行走或慢跑的专用步道。健身慢行道应尽可能避免与场地内车行道交叉，步道宜采用弹性减振、防滑和环保的材料（如塑胶、彩色陶粒等），以减少对人体关节的冲击和损伤。参照2005年住房城乡建设部以及国土资源部联合发布的《城市社区体育设施建设用地指标》的要求，本条提出步道宽度不小于1.25m。

第3款，鼓励建筑或社区中合理设置健身空间，若健身房设置在地下，其室内照明、排风、新风、空调等应满足使用要求。除专门的健身空间外，也可利用公共空间（如小区会所、入口大堂、休闲平台、共享空间等），在不影响正常原有功能使用的前提下，合理设置健身区，此处所指的公共空间内设置的健身区应是在满足正常使用功能的前提下，通过空间合理布局，形成固定的、具有一定规模的健身区域方可计入面积。健康空间内宜配置健身器材，提供给人们全天候进行健身活动的条件，鼓励积极健康的生活方式。健身空间还包括开放共享的羽毛球室、乒乓球室。如项目内设置收费健身房并可向业主提供优惠使用条件，本款可得分。

第4款，楼梯间作为日常使用和应急疏散等多功能场所，应尽量采用自然通风，以提高排除进入楼梯间内烟气的可靠性，确保楼梯间的安全；且楼梯间靠外墙设置，也有利于天然采光,本款要求每栋单体建筑中至少有一处楼梯间具有天然采光、良好的视野、充足的照明和人体感应装置,方便人员行走和锻炼。距离主入口的距离不大于15m是为吸引人们主动选择走楼梯的健康的出行方式。

【具体评价方式】

本条适用于各类民用建筑的预评价、评价。

预评价第1、2款查阅建筑专业设计说明、总平面图、景观专业总平面图,重点审核健身场地及设施布局、健身慢行道路线、室外健身场地及慢行道计算书、场地铺装等内容;第3、4款查阅建筑专业施工图、电气施工图,重点审核室内健身空间及设施平面布局、楼梯间位置、室内健身空间计算书、楼梯间照明系统设计等内容。

评价查阅预评价涉及内容的竣工文件,及相关产品说明书。

Ⅲ 智 慧 运 行

6.2.6 设置分类、分级用能自动远传计量系统,且设置能源管理系统实现对建筑能耗的监测、数据分析和管理,评价分值为8分。

【条文说明扩展】

本条要求设置电、气、热的能耗计量系统和能源管理系统。建筑至少应对建筑最基本的能源资源消耗量设置管理系统。但不同规模、不同功能的建筑项目需设置的系统大小及是否需要设置应根据实际情况合理确定。

对于公共建筑,冷热源、输配系统和电气等各部分能源应进行独立分项计量,并能实现远传,其中冷热源、输配系统的主要设备包括冷热水机组、冷热水泵、新风机组、空气处理机组、冷却塔等,电气系统包括照明插座、动力等。对于计量数据采集频率不作强制性要求,可根据具体工作需要灵活设置,一般在10min/次到1h/次之间。

对于住宅建筑及宿舍建筑,鉴于分户之间具有相对独立性与私密性的特点,不便对每户能耗情况实行细化监测和管理,而公共区域主要由运营管理单位运行维护和管理,故主要针对其公共区域提出分项计量与管理要求(如公共动力设备用电、室内公共区域照明用电、室外景观照明用电等)。

计量器具应满足现行国家标准《用能单位能源计量器具配备和管理通则》GB 17167的要求。在计量基础上,通过能源管理系统实现数据传输、存储、分析功能,系统可存储数据均应不少于1年。

【具体评价方式】

本条适用于各类民用建筑的预评价、评价。

预评价查阅用能系统、自动远传计量系统、能源管理系统的设计说明、系统配置等设计文件,重点审核能源管理系统能否实现数据传输、存储(可存储数据不少于1年)、分析功能。

评价除查阅预评价所要求内容外,还查阅有关产品型式检验报告。投入使用的项目,尚应查阅管理制度、历史监测数据、运行记录。

6.2.7 设置PM_{10}、$PM_{2.5}$、CO_2浓度的空气质量监测系统,且具有存储至少一年的监测数据和实时显示等功能，评价分值为5分。

【条文说明扩展】

为加强建筑的可感知性，本条要求住宅建筑和宿舍建筑每户均应设置空气质量监控系统，公共建筑每个主要功能房间（除走廊、核心筒、卫生间、电梯间等非功能空间外，承载实现相应类型建筑主要使用功能的房间）均应设置空气质量监控系统。对于安装监控系统的建筑，系统至少对PM_{10}、$PM_{2.5}$、CO_2分别进行定时连续测量、显示和记录，在建筑开放使用时间段内，监测系统对污染物浓度的读数时间间隔不得长于10min。其中CO_2监测要求主要针对公共建筑中间歇性人员密集的主要功能房间，如大会议室、大办公室、商场、展馆、影院等。

【具体评价方式】

本条适用于各类民用建筑的预评价、评价。

预评价查阅监测系统的设计说明、监测点位图、系统功能说明书等设计文件。

评价除查阅预评价所要求内容外，还查阅有关产品型式检验报告。投入使用的项目，尚应查阅管理制度、历史监测数据、运行记录。

6.2.8 设置用水远传计量系统、水质在线监测系统，评价总分值为7分，并按下列规则评分并累计：

1 设置用水量远传计量系统，能分类、分级记录、统计分析各种用水情况，得3分；

2 利用计量数据进行管网漏损自动检测、分析与整改，管道漏损率低于5%，得2分；

3 设置水质在线监测系统，监测生活饮用水、管道直饮水、游泳池水、非传统水源、空调冷却水的水质指标，记录并保存水质监测结果，且能随时供用户查询，得2分。

【条文说明扩展】

第1款，远传水表相较于传统的普通机械水表增加了信号采集、数据处理、存储及数据上传功能，可以实时的将用水量数据上传给管理系统。采用远传计量系统对各类用水进行计量，可准确掌握项目用水现状，用水总量和各用水单元之间的定量关系，分析用水的合理性，发掘节水潜力，制定出切实可行的节水管理措施和绩效考核办法。

第2款，远传水表应根据水平衡测试的要求分级安装，分级计量水表安装率应达100%。具体要求为下级水表的设置应覆盖上一级水表的所有出流量，不得出现无计量支路。远传计量管理系统应具备计量数据处理和报警功能，系统软件需具备管道漏损情况自动检测功能，能够辅助运营管理方随时了解管道漏损情况，及时查找漏损点并进行整改。

第3款，建筑中设有的各类供水系统均设置了水质在线监测系统，第3款方可得分。实现水质在线监测需要设计并配置在线检测仪器设备，检测关键性位置和代表性测点的水质指标。生活饮用水、非传统水源的在线监测项目应包括但不限于浑浊度、余氯、pH值、电导率（TDS）等，雨水回用还应监测SS、COD_{Cr}；管道直饮水的在线监测项目应包括但不限于浑浊度、pH值、余氯或臭氧（视采用的消毒技术而定）等指标，终端直饮水可采用消毒器、滤料或膜芯（视采用的净化技术而定）等耗材更换提醒报警功能代替水质在线监测；游泳池水的在线监测项目应包括但不限于pH值、氧化还原电位、浊度、水温、余氯或臭氧浓度（视采用的消毒技术而定）等指标；空调冷却水的在线监测项目应包括但不限于pH值（25℃）、电导率（25℃）等指标。未列及的其他供水系统的水质在线监测项目，均应满足相应供水系统及水质标准规范的要求。水质监测的关键性位置和代表性测点包括：水源、水处理设施出水及最不利用水点。监测点位的数量及位置也应满足相应供水系统及水质标准规范的要求。水质在线监测系统应有记录和报警功能，其存储介质和数据库应能记录连续一年以上的运行数据，且能随时供用户查询。管理制度中应有用户查询机制管理办法。

【具体评价方式】

本条适用于各类民用建筑的预评价、评价。

预评价查阅包含供水系统远传计量设计图纸、计量点位说明或示意图、水质监测系统设计图纸、监测点位说明或示意图、远传计量管理系统自动检漏功能说明（设计深度应满足能够指导供应商提供软件服务的要求）等在内的给水排水专业及弱电智能化专业设计文件。

评价除查阅预评价所要求内容外，还查阅监测与发布系统说明，远传水表或水质监测设备的型式检验报告。已投入使用的项目，尚应查阅用水量远传计量及水质在线监测的管理制度、历史监测数据、运行记录，用水量分类、分项计量记录及统计分析报告，管网漏损自动检测分析记录和整改报告。

6.2.9 具有智能化服务系统，评价总分值为9分，并按下列规则分别评分并累计：

1 具有家电控制、照明控制、安全报警、环境监测、建筑设备控制、工作生活服务等至少3种类型的服务功能，得3分；

2 具有远程监控的功能，得3分；

3 具有接入智慧城市（城区、社区）的功能，得3分。

【条文说明扩展】

智能化服务系统，包括智能家居监控系统、智能环境设备监控系统、智能工作生活服务系统等，其以相对独立的使用空间为单元，利用综合布线技术、网络通信技术、自动控制技术、音视频技术等将家居生活或工作事务有关的设施进行集成，构建高效的建筑设施与日常事务的管理系统，提升家居和工作的安全性、便利性、舒适性、艺术性，实现更加便捷适用的生活和工作环境，提高用户对绿色建筑的感知度。

第1款，智能化服务系统具体包括家电控制、照明控制、安全报警、环境监测、建筑设备控制、工作生活服务（如通过信息化数字化智能化手段实现养老服务预约、会议预约、智慧化物业服务、疫情防控管理调度）等系统与平台，可实现多种服务功能。本款要求至少实现3种类型的服务功能，以便提升用户感知度和获得感。住宅建筑中常见的智能化服务功能有：空调、风扇、窗帘、空气净化器、热水器、电视、背景音乐、厨房电器等的控制，照明场景控制，设备系统出现运行故障或安全隐患（包括环境参数超限）时的安全报警,室内外的空气温度、湿度、CO_2浓度、空气污染物浓度、声环境质量等的监测,养老服务预约、就医预约、智慧化物业服务、疫情防控管理调度等;公共建筑中常见的智能化服务功能有:空调、风扇、窗帘、空气净化器等的控制,照明灯具的分区、分时控制,安全报警(一般在安防系统内解决,也可设置用户端报警提示),室内外的空气温度、湿度、CO_2浓度、空气污染物浓度、声环境质量等的监测,会议室预约、就餐预约、访客预约等。上述预约功能一般可通过在社区服务小程序、App、办公自动化OA系统等应用软件系统中增设相关服务功能模块加以实现。

为体现建筑使用便利性,本款要求住宅建筑每户户内均应设置智能化服务系统终端设备,公共建筑主要功能房间内应设置智能化服务系统终端设备。对于项目竣工时未设置而在运行使用后由用户自行购买安装的情况,本条评价时不予认定。

第2款,智能化服务系统的控制方式包括电话或网络远程控制、室内外遥控、红外转发以及可编程定时控制等,如果系统具备了远程监控功能,使用者可通过以太网、移动数据网络等,实现对建筑室内物理环境状况、设备设施状态的监测,以及对智能家居或环境设备系统的监测和控制、对工作生活服务平台的访问操作,则可以有效提升服务便捷性。同样的,本款也要求具有远程监控功能的服务类型要达到3种。

第3款,智能化服务系统平台能够与所在的智慧城市(城区、社区)平台对接,则可有效实现信息和数据的共享与互通,大大提高信息更新与扩充的速度和范围,实现相关各方的互惠互利。智慧城市(城区、社区)的智能化服务系统的基本项目一般包括智慧物业服务管理、电子商务服务、智慧养老服务、智慧家居、智慧医院等,能够为建筑层面的智能化服务系统提供有力支撑。本款要求至少1个系统项目实现与智慧城市(城区、社区)平台对接。

【具体评价方式】

本条适用于各类民用建筑的预评价、评价。

预评价查阅包含智能家居或环境设备监控系统设计方案、智能化服务平台方案等在内的智能化及装修设计文件,重点审核其可实现的服务功能、远程监控功能、接入上一级智慧平台功能等。

评价除查阅预评价所要求内容外,还查阅相关产品的型式检验报告。投入使用的项目尚应查阅管理制度、历史监测数据、运行记录。

Ⅳ 运 营 管 理

6.2.10 制定完善的节能、节水的操作规程,实施能源资源管理激励机制,且有效实施,评价总分值为5分,并按下列规则分别评分并累计:

  1 相关设施具有完善的操作规程,得2分;

  2 运营管理机构的工作考核体系中包含节能和节水绩效考核激励机制,得3分。

【条文说明扩展】

第1款,本款要求建立完善的节能、节水的操作规程,并放置、悬挂或张贴在各个操作现场的明显处。主要包括：设备设施运行的节能、节水操作规程、故障诊断与处理办法等。运行管理人员应具备相关专业知识，熟练掌握有关系统和设备的工作原理、运行策略及操作规程，且应经培训后方可担任职责。主要包括：

（1）各类设施机房（如制冷机房、空调机房、锅炉房、电梯机房、配电间、泵房、中控室等）操作规程的合理性及落实情况。在机房中明示管理制度、操作规程、交接班制度、岗位职责等。

（2）节能、节水设施设备应具有巡回检查制度、保养维护制度，并有完善的运行记录等。

第2款，运营管理机构在保证建筑的使用性能要求、投诉率低于规定值的前提下，实现其经济效益与建筑用能系统的耗能状况、水资源等的使用情况直接挂钩。在运营管理中，建筑运行能耗可参考现行国家标准《民用建筑能耗标准》GB/T 51161制定激励政策，建筑水耗可参考现行国家标准《民用建筑节水设计标准》GB 50555制定激励政策。通过绩效考核，调动运营管理工作者的绿色运营意识、激发其绿色管理的积极性，提升运营管理机构的管理服务水平和效益，有效促进运行节能节水。

> 《建筑节能与可再生能源利用通用规范》GB 55015-2021
> 7.1.1 建筑的运行与维护应建立节能管理制度及设备系统节能运行操作规程。
> 7.1.4 集中空调系统应根据实际运行状况制定实现全年可再生能源利用的运行方案及操作规程；对人员密集的区域，应根据实际需求制定新风量调节方案及操作规程。
> 7.1.5 对排风能量回收系统，应根据实际室内外空气参数，制定能量回收装置节能运行方案及操作规程。

【具体评价方式】

本条适用于各类民用建筑的评价。在项目投入使用前评价，本条不得分。

评价第1款，查阅节能、节水相关管理制度和操作规程等，以及现场张贴影像资料，节能、节水的运维记录操作人员的专业证书等。

评价第2款，查阅运营管理机构的节能、节水工作考核体系文件（包括考核办法、激励机制等）。

6.2.11 建筑平均日用水量满足现行国家标准《民用建筑节水设计标准》GB 50555中节水用水定额的要求，评价总分值为5分，并按下列规则评分：

1 平均日用水量大于节水用水定额的平均值、不大于上限值，得2分。

2 平均日用水量大于节水用水定额下限值、不大于平均值，得3分。

3 平均日用水量不大于节水用水定额下限值，得5分。

【条文说明扩展】

项目各类用水应按用途对申报范围内的各类用水分别计算平均日用水量，并与现行国家标准《民用建筑节水设计标准》GB 50555中给出的各项节水用水定额分别进行比较。

国家标准《民用建筑节水设计标准》GB 50555-2010

2.1.1 节水用水定额

采用节水型生活用水器具后的平均日用水量。

3.1.1 住宅平均日生活用水的节水用水定额，可根据住宅类型、卫生器具设置标准和区域条件因素按表3.1.1的规定确定。

表3.1.1 住宅平均日生活用水节水用水定额 q_z

住宅类型	卫生器具设置标准	节水用水定额 q_z [L/(人·d)]								
		一区			二区			三区		
		特大城市	大城市	中、小城市	特大城市	大城市	中、小城市	特大城市	大城市	中、小城市
普通住宅	Ⅰ 有大便器、洗涤盆	100~140	90~110	80~100	70~110	60~80	50~70	60~100	50~70	45~65
普通住宅	Ⅱ 有大便器、洗脸盆、洗涤盆和洗衣机、热水器和沐浴设备	120~200	100~150	90~140	80~140	70~110	60~100	70~120	60~90	50~80
普通住宅	Ⅲ 有大便器、洗脸盆、洗涤盆、洗衣机、集中供应或家用热水机组和沐浴设备	140~230	130~180	100~160	90~170	80~130	70~120	80~140	70~100	60~90
别墅	有大便器、洗脸盆、洗涤盆、洗衣机及其他设备（净身器等）、家用热水机组或集中供应和沐浴设备、洒水栓	150~250	140~200	110~180	100~190	90~150	80~140	90~160	80~110	70~100

注：1 特大城市指市区和近郊区非农业人口100万及以上的城市；大城市指市区和近郊区非农业人口50万及以上，不满100万的城市；中、小城市指市区和近郊区非农业人口不满50万的城市。
2 一区包括：湖北、湖南、江西、浙江、福建、广东、广西、海南、上海、江苏、安徽、重庆；二区包括：四川、贵州、云南、黑龙江、吉林、辽宁、北京、天津、河北、山西、河南、山东、宁夏、陕西、内蒙古河套以东和甘肃黄河以东的地区；三区包括：新疆、青海、西藏、内蒙古河套以西和甘肃黄河以西的地区。
3 当地主管部门对住宅生活用水节水用水标准有规定的，按当地规定执行。
4 别墅用水定额中含庭院绿化用水，汽车抹车水。
5 表中用水量为全部用水量，当采用分质供水时，有直饮水系统的，应扣除直饮水用水定额；有杂用水系统的，应扣除杂用水定额。

3.1.2 宿舍、旅馆和其他公共建筑的平均日生活用水的节水用水定额，可根据建筑物类型和卫生器具设置标准按表3.1.2的规定确定。

表3.1.2 宿舍、旅馆和其他公共建筑的平均日生活用水节水用水定额 q_g

序号	建筑物类型及卫生器具设置标准	节水用水定额 q_g	单位
1	宿舍 Ⅰ类、Ⅱ类	130~160	L/(人·d)
	Ⅲ类、Ⅳ类	90~120	L/(人·d)

续表3.1.2

序号	建筑物类型及卫生器具设置标准	节水用水定额 q_g	单位
2	招待所、培训中心、普通旅馆		
	设公用厕所、盥洗室	40～80	L/(人·d)
	设公用厕所、盥洗室和淋浴室	70～100	L/(人·d)
	设公用厕所、盥洗室、淋浴室、洗衣室	90～120	L/(人·d)
	设单独卫生间、公用洗衣室	110～160	L/(人·d)
3	酒店式公寓	180～240	L/(人·d)
4	宾馆客房		
	旅客	220～320	L/(床位·d)
	员工	70～80	L/(人·d)
5	医院住院部		
	设公用厕所、盥洗室	90～160	L/(床位·d)
	设公用厕所、盥洗室和淋浴室	130～200	L/(床位·d)
	病房设单独卫生间	220～320	L/(床位·d)
	医务人员	130～200	L/(人·班)
	门诊部、诊疗所	6～12	L/(人·次)
	疗养院、休养所住院部	180～240	L/(床位·d)
6	养老院托老所		
	全托	90～120	L/(人·d)
	日托	40～60	L/(人·d)
7	幼儿园、托儿所		
	有住宿	40～80	L/(儿童·d)
	无住宿	25～40	L/(儿童·d)
8	公共浴室		
	淋浴	70～90	L/(人·次)
	淋浴、浴盆	120～150	L/(人·次)
	桑拿浴（淋浴、按摩池）	130～160	L/(人·次)
9	理发室、美容院	35～80	L/(人·次)
10	洗衣房	40～80	L/kg干衣
11	餐饮业		
	中餐酒楼	35～50	L/(人·次)
	快餐店、职工及学生食堂	15～20	L/(人·次)
	酒吧、咖啡厅、茶座、卡拉OK房	5～10	L/(人·次)
12	商场		
	员工及顾客	4～6	L/(m² 营业厅面积·d)
13	图书馆	5～8	L/(人·次)

6 生活便利

续表3.1.2

序号	建筑物类型及卫生器具设置标准	节水用水定额 q_g	单位
14	书店 员工 营业厅	27~40 3~5	L/(人·班) L/(m² 营业厅面积·d)
15	办公楼	25~40	L/(人·班)
16	教学实验楼 中小学校 高等学校	15~35 35~40	L/(学生·d) L/(学生·d)
17	电影院、剧院	3~5	L/(观众·场)
18	会展中心（博物馆、展览馆） 员工 展厅	27~40 3~5	L/(人·班) L/(m² 展厅面积·d)
19	健身中心	25~40	L/(人·次)
20	体育场、体育馆 运动员淋浴 观众	25~40 3	L/(人·次) L/(人·场)
21	会议厅	6~8	L/(座位·次)
22	客运站旅客、展览中心观众	3~6	L/(人·次)
23	菜市场冲洗地面及保鲜用水	8~15	L/(m²·d)
24	停车库地面冲洗用水	2~3	L/(m²·次)

注：1 除养老院、托儿所、幼儿园的用水定额中含食堂用水，其他均不含食堂用水。
　　2 除注明外均不含员工用水，员工用水定额每人每班30L~45L。
　　3 医疗建筑用水中不含医疗用水。
　　4 表中用水量包括热水用量在内，空调用水应另计。
　　5 选择用水定额时，可依据当地气候条件、水资源状况等确定，缺水地区应选择低值。
　　6 用水人数或单位数应以年平均值计算。
　　7 每年用水天数应根据使用情况确定。

3.1.3 汽车冲洗用水定额应根据冲洗方式按表3.1.3的规定选用，并应考虑车辆用途、道路路面等级和污染程度等因素后综合确定。附设在民用建筑中停车库抹车用水可按10%~15%轿车车位计。

表3.1.3 汽车冲洗用水定额 [L/(辆·次)]

冲洗方式	高压水枪冲洗	循环用水冲洗补水	抹车
轿车	40~60	20~30	10~15
公共汽车 载重汽车	80~120	40~60	15~30

注：1 同时冲洗汽车数量按洗车台数量确定。
　　2 在水泥和沥青路面行驶的汽车，宜选用下限值；路面等级较低时，宜选用上限值。
　　3 冲洗一辆车可按10min考虑。
　　4 软管冲洗时耗水量大，不推荐采用。

6.2 评分项

3.1.4 空调循环冷却水系统的补充水量，应根据气象条件、冷却塔形式、供水水质、水质处理及空调设计运行负荷、运行天数等确定，可按平均日循环水量的1.0%～2.0%计算。

3.1.5 浇洒道路用水定额可根据路面性质按表3.1.5的规定选用，并应考虑气象条件因素后综合确定。

表3.1.5 浇洒道路用水定额 [L/(m²·次)]

路面性质	用水定额
碎石路面	0.40～0.70
土路面	1.00～1.50
水泥或沥青路面	0.20～0.50

注：1 广场浇洒用水定额亦可参照本表选用。
　　2 每年浇洒天数按当地情况确定。

3.1.6 浇洒草坪、绿化年均灌水定额可按表3.1.6的规定确定。

表3.1.6 浇洒草坪、绿化年均灌水定额 [m³/(m²·a)]

草坪种类	灌水定额		
	特级养护	一级养护	二级养护
冷季型	0.66	0.50	0.28
暖季型	—	0.28	0.12

计算平均日用水量时，应实事求是地确定用水的使用人数、用水面积等。使用人数在项目使用初期可能不会达到设计人数，如住宅的入住率可能不会很快达到100%，因此对与用水人数相关的用水，如饮用、盥洗、冲厕、餐饮等，应根据用水人数来计算平均日用水量；对使用人数相对固定的建筑，如办公建筑等，按实际人数计算；对浴室、商场、餐厅等流动人口较大且数量无法明确的场所，可按设计人数计算。

对与用水人数无关的用水，如绿化灌溉、地面冲洗、水景补水等，则根据实际水表计量情况进行考核。

根据实际运行一年的水表计量数据和使用人数、用水面积等计算平均日用水量，与节水用水定额进行比较来判定。

本条的平均值为现行国家标准《民用建筑节水设计标准》GB 50555中上限值和下限值的算术平均值。

【具体评价方式】

本条适用于各类民用建筑的评价。在项目投入使用前评价，本条不得分。

评价查阅实测分类用水量计量报告、实际用水单元数量统计报告、建筑各类用水的平均日用水量计算书。

6.2.12 定期对建筑运营效果进行评估，并根据结果进行运行优化，评价总分值为10分，并按下列规则分别评分并累计：

1 制定绿色建筑运营效果评估的技术方案和计划，得3分；

2 定期检查、调适公共设施设备，具有检查、调试、运行、标定的记录，且记录完整，得3分；

3 定期开展节能诊断评估，并根据评估结果制定优化方案并实施，得4分。

【条文说明扩展】

第1款，对绿色建筑的运营效果进行评估是及时发现和解决建筑运营问题的重要手段，也是优化绿色建筑运行的重要途径。绿色建筑涉及的专业面广，所以制定绿色建筑运营效果评估技术方案和评估计划，是评估有序和全面开展的保障条件。本款要求运营管理机构应结合项目使用特点、能源系统构成，在执行现行强制性工程建设规范《建筑节能与可再生能源利用通用规范》GB 55015对建筑能源系统运行维护和节能管理强制要求以及《住宅项目规范》GB 55038对住宅项目公共设备和设施使用要求的基础上，制定完善的绿色建筑运营效果评估技术方案和评估计划。根据评估结果，可发现绿色建筑是否达到预期运行目标，进而针对发现的运营问题制定绿色建筑优化运营方案，保持乃至提升绿色建筑运行效率和运营效果。

《建筑节能与可再生能源利用通用规范》GB 55015-2021

7.1.6 暖通空调系统运行中，应监测和评估水力平衡和风量平衡状况；当不满足要求时，应进行系统平衡调试。

7.1.7 太阳能集热系统停止运行时，应采取有效措施防止太阳能集热系统过热。

7.1.8 地下水地源热泵系统投入运行后，应对抽水量、回灌量及其水质进行定期监测。

7.1.9 建筑节能及相关设备与系统维护应符合下列规定：

1 应按节能要求对排风能量回收装置、过滤器、换热表面等影响设备及系统能效的设备和部件定期进行检查和清洗；

2 应对设备及管道绝热设施定期进行维护和检查；

3 应对自动控制系统的传感器、变送器、调节器和执行器等基本元件进行日常维护保养，并应按工况变化调整控制模式和设定参数。

7.1.10 太阳能集热系统检查和维护，应符合下列规定：

1 太阳能集热系统冬季运行前，应检查防冻措施；并应在暴雨，台风等灾害性气候到来之前进行防护检查及过后的检查维修；

2 雷雨季节到来之前应对太阳能集热系统防雷设施的安全性进行检查；

3 每年应对集热器检查至少一次，集热器及光伏组件表面应保持清洁。

7.1.11 建筑外围护结构应定期进行检查。当外墙外保温系统出现渗漏、破损、脱落现象时，应进行修复。

6.2 评 分 项

> **7.2.1** 建筑能源系统应按分类、分区、分项计量数据进行管理；可再生能源系统应进行单独统计。建筑能耗应以一个完整的日历年统计。能耗数据应纳入能耗监督管理系统平台管理。
> **7.2.3** 公共建筑运行管理应如实记录能源消费计量原始数据，并建立统计台账。能源计量器具应在校准有效期内，保证统计数据的真实性和准确性。
> **7.2.5** 对于20000m² 及以上的大型公共建筑，应建立实际运行能耗比对制度，并依据比对结果采取相应改进措施。
>
> 《住宅项目规范》GB 55038-2025
> **2.3.6** 住宅项目的公共空间和场地、公共设备和设施应定期进行维护、检修和管理，并应保证公共设备和设施正常运行。

第2款，保持建筑及其区域的公共设施设备系统、装置运行正常，做好定期巡检和维保工作，是绿色建筑长期运行管理中实现各项目标的基础。制定的管理制度、巡检规定、作业标准及相应的维保计划是保障使用者安全、健康的基本保障。各种公共设备的巡检，应制定设备设施的巡检制度，对日常巡检、月度巡检、季度巡检、巡检范围、巡检路线、记录表等作明确的要求和规范的管理，并对应有完整的记录。定期的巡检包括：公共设施设备（管道井、绿化、路灯、外门窗等）的安全、完好程度、卫生情况等；设备间（配电室、机电系统机房、泵房）的运行参数、状态、卫生等；消防设备设施（室外消火栓、自动报警系统、灭火器等）完好程度、标识、状态等。建筑完损等级评定（结构部分的墙体、楼盖、楼地面、幕墙，装修部分的门窗，外装饰、细木装修，内墙抹灰）的安全检测、防锈防腐等，此处所指建筑完损等级评定可由运营管理部门根据参评项目使用情况及年限，对以上部位，自行或由第三方进行有针对性的日常检查和定期大检查，以上内容还应做好归档和记录。

系统、设备、装置的检查、调适不仅限于新建建筑的试运行和竣工验收，而应是一项持续性、长期性的工作。建筑运行期间，所有与建筑运行相关的管理、运行状态，建筑构件的耐久性、安全性等会随时间、环境、使用需求调整而发生变化，因此持续到位的维护特别重要。

第3款，运营管理机构有责任定期（每年）开展能源诊断。住宅类建筑能源诊断的内容主要包括：能耗现状调查、室内热环境和暖通空调系统等现状诊断。住宅类建筑能源诊断检测方法可参照现行行业标准《居住建筑节能检测标准》JGJ/T 132 的有关规定。公共建筑能源诊断的内容主要包括：冷水机组、热泵机组的实际性能系数、锅炉运行效率、水泵效率、水系统补水率、水系统供回水温差、冷却塔冷却性能、风机单位风量耗功率、风系统平衡度等。公共建筑能源诊断检测方法可参照现行行业标准《公共建筑节能检测标准》JGJ/T 177 的有关规定。本款所要求的能源诊断，既可由运营管理部门自检，也可委托具有资质的第三方检测机构进行定期检测。

【具体评价方式】

本条适用于各类民用建筑的评价。在项目投入使用前评价，本条不得分。

评价第1款，查阅由运营管理团队制定的、与绿色建筑运营效果评估相关的工作制度

6 生活便利

文件,重点审核工作制度是否包括开展绿色建筑运营效果评估工作的责任分工、时间安排和具体流程等内容。

评价第2款,查阅各类公共设备设施最近一年的巡检、调适、维保、标定记录,重点审核记录是否完整、是否包括时间、巡检员和部门配合人员的签名及发现问题后的整改情况。

评价第3款,查阅能耗管理制度、历年的能耗记录、节能诊断评估报告、优化方案,重点审核能耗记录数据是否全面、报告是否明确项目所处的节能水平及优化潜力、方案是否明确了优化目标及措施。

6.2.13 建立绿色低碳教育宣传和实践机制,形成良好的绿色氛围,并定期开展使用者满意度调查,评价总分值为10分,并按下列规则分别评分并累计:

1 每年组织不少于2次的绿色建筑技术宣传、绿色生活引导等绿色低碳教育宣传和实践活动,并有活动记录,得3分;

2 具有绿色低碳生活展示、体验或交流分享的渠道,得3分;

3 每年开展1次针对建筑绿色性能的使用者满意度调查,且根据调查结果制定改进措施并实施、公示,得4分。

【条文说明扩展】

第1款,绿色低碳教育宣传可通过制作宣传海报、组织培训与宣传教育会议、组织参观、媒体报道等方式实现,可包括:

(1)开展绿色低碳建筑新技术新产品展示、技术交流和教育培训,宣传绿色低碳建筑的基础知识、设计理念和技术策略。

(2)宣传引导节约意识和行为,如纠正并杜绝开窗运行空调、无人照明、无人空调等不良习惯,促进绿色低碳建筑的推广应用。

(3)在公共场所显示绿色低碳建筑的节能、节水、减排成果和环境数据。

(4)对于绿色行为(如垃圾分类收集等)的奖惩办法。

第2款,利用实体平台或网络平台开展展示体验、交流分享、宣传推广活动,例如建立绿色低碳生活的体验小站、旧物置换、步数绿色积分、绿色小天使亲子活动等。

第3款,定期用户调查是了解用户满意程度的有效措施,在"调查—提升—反馈"的循环过程中不断改进。问卷调查工作一年不少于一次,调查内容可根据项目及物业服务管理情况制定,如对项目声环境、热舒适、采光与照明、室内空气质量、服务设施运行情况、保洁与维护、物业服务水平等开展问卷调查。调查要着重关注节能节水、运营管理、秩序与安全、车辆管理、公共环境、建筑外墙维护等。根据问卷结果制定改进计划和措施,进行有针对性的改进。

【具体评价方式】

本条适用于各类民用建筑的评价。在项目投入使用前评价,本条不得分。

评价第1款,查阅运营管理部门、入住单位等主体组织的绿色、低碳相关的教育宣传实践活动年度计划、影像资料、存档记录等。

评价第2款,查阅运营管理部门、入住单位等主体所建立的实体或网络平台渠道及成果。

评价第3款,查阅使用者满意度调查计划及工作记录、年度调查报告及整改方案等。

7 资源节约

7.1 控制项

7.1.1 应结合场地自然条件和建筑功能需求,对建筑的体形、平面布局、空间尺度、围护结构等进行节能设计,且应符合国家有关节能设计的要求。

【条文说明扩展】
　　绿色建筑设计首要考虑因地制宜,不仅需要考虑当地气候条件,建筑形体、尺度以及建筑物的平面布局都要进行综合统筹协调和分析优化。绿色建筑设计还应在综合考虑基地容积率、限高、绿化率、交通等功能因素基础上,统筹考虑冬夏季节能需求,优化设计体形、朝向和窗墙面积比。建筑设计还需强化"空间节能优先"原则的重点要求,优化体形、空间平面布局,包括避免过大或过于复杂的空间布局,合理控制室内空间高度,避免过高的空间造成能源浪费,将需要经常使用的功能区域布置在靠近采光和通风良好的位置,合理控制建筑空调供暖的规模、区域和时间,降低供暖空调照明负荷,降低建筑能耗。

《公共建筑节能设计标准》GB 50189-2015

　　3.1.3 建筑群的总体规划应考虑减轻热岛效应。建筑的总体规划和总平面设计应有利于自然通风和冬季日照。建筑的主朝向宜选择本地区最佳朝向或适宜朝向,且宜避开冬季主导风向。

　　3.1.4 建筑设计应遵循被动节能措施优先的原则,充分利用自然采光、自然通风,结合围护结构保温隔热和遮阳措施,降低建筑的用能需求。

　　3.1.5 建筑体形宜规整紧凑,避免过多的凹凸变化。

《严寒和寒冷地区居住建筑节能设计标准》JGJ 26-2018

　　4.1.1 建筑群的总体布置,单体建筑的平面、立面设计,应考虑冬季利用日照并避开冬季主导风向,严寒和寒冷A区建筑的出入口应考虑防风设计,寒冷B区应考虑夏季通风。

　　4.1.2 建筑物宜朝向南北或接近朝向南北。建筑物不宜设有三面外墙的房间,一个房间不宜在不同方向的墙面上设置两个或更多的窗。

《夏热冬冷地区居住建筑节能设计标准》JGJ 134-2010

　　4.0.1 建筑群的总体布置,单体建筑的平面、立面设计和门窗的设置应有利于自然通风。

　　4.0.2 建筑物宜朝向南北或接近朝向南北。

7 资源节约

《夏热冬暖地区居住建筑节能设计标准》JGJ 75-2012

4.0.1 建筑群的总体规划应有利于自然通风和减轻热岛效应。建筑的平面、立面设计应有利于自然通风。

4.0.2 居住建筑的朝向宜采用南北向或接近南北向。

4.0.3 北区内,单元式、通廊式住宅的体形系数不宜大于0.35,塔式住宅的体形系数不宜大于0.40。

《温和地区居住建筑节能设计标准》JGJ 475-2019

4.1.1 建筑群的总体规划和建筑单体设计,宜利用太阳能改善室内热环境,并宜满足夏季自然通风和建筑遮阳的要求。建筑物的主要房间开窗宜避开冬季主导风向。山地建筑的选址宜避开背阴的北坡地段。

4.1.2 居住建筑的朝向宜为南北向或接近南北向。

4.1.3 温和A区居住建筑的体形系数限值不应大于表4.1.3的规定。当体形系数限值大于表4.1.3的规定时,应进行建筑围护结构热工性能的权衡判断,并应符合本标准第5章的规定。

表4.1.3 温和A区居住建筑体形系数限值

建筑层数	≤3层	(4~6)层	(7~11)层	≥12层
建筑的体形系数	0.55	0.45	0.40	0.35

4.3.1 居住建筑应根据基地周围的风向,布局建筑及周边绿化景观,设置建筑朝向与主导风向之间的夹角。

4.3.2 温和B区居住建筑主要房间宜布置于夏季迎风面,辅助用房宜布置于背风面。

4.3.3 未设置通风系统的居住建筑,户型进深不应超过12m。

4.3.5 温和A区居住建筑的外窗有效通风面积不应小于外窗所在房间地面面积的5%。

【具体评价方式】

本条适用于各类民用建筑的预评价、评价。对于住宅建筑,如果建筑体形简单、朝向接近正南正北,楼间距、窗墙面积比、围护结构热工性能也满足标准要求,本条可直接通过;对于公共建筑,一般应提供空间节能设计的分析报告。此外,如果经过优化后建筑各朝向窗墙面积比都低于0.5,围护结构热工性能也满足要求,也可直接通过。

对于仅按地方建筑节能设计标准进行设计的情况,尚应论证地方标准要求等同、等效或严于国家相关标准。

预评价查阅总图、场地地形图、建筑鸟瞰图、单体效果图、人群视点透视图、平立剖面图、设计说明等设计文件,建筑节能计算书,建筑日照模拟计算报告及当地建筑节能审查相关文件。如不满足前述直接通过要求,还应查阅对于建筑的朝向、体形、窗墙面积比的优化设计及满足标准要求的分析报告。

评价查阅预评价涉及内容的竣工文件,建筑节能计算书,建筑日照模拟计算报告及当地建筑节能审查相关文件、节能工程验收记录。如不满足前述直接通过要求,还应查阅对

7.1 控 制 项

于建筑的朝向、体形、窗墙面积比的优化设计及满足标准要求的分析报告。

7.1.2 应采取措施降低部分负荷、部分空间使用下的供暖、空调系统能耗，并应符合下列规定：

1 应区分房间的朝向细分供暖、空调区域，并应对系统进行分区控制；

2 空调系统的电冷源综合制冷性能系数应符合现行国家标准《公共建筑节能设计标准》GB 50189 的规定。

【条文说明扩展】

第1款，供暖及空调系统应按照使用时间、不同温湿度要求、房间朝向和功能分区等进行分区分级设计，避免全空间、全时间和盲目采用高标准供暖空调设计，同时提供分区控制策略，则认为满足本款要求。

第2款，需定量考察空调系统的电冷源综合制冷性能系数是否满足国家标准《公共建筑节能设计标准》GB 50189-2015 的规定。

国家标准《公共建筑节能设计标准》GB 50189-2015

4.2.12 空调系统的电冷源综合制冷性能系数（SCOP）不应低于表 4.2.12 的数值。对多台冷水机组、冷却水泵和冷却塔组成的冷水系统，应将实际参与运行的所有设备的名义制冷量和耗电功率综合统计计算，当机组类型不同时，其限值应按冷量加权的方式确定。

表 4.2.12 空调系统的电冷源综合制冷性能系数（SCOP）

类型		名义制冷量 CC（kW）	综合制冷性能系数（SCOP）					
			严寒 A、B区	严寒 C区	温和 地区	寒冷 地区	夏热冬 冷地区	夏热冬 暖地区
水冷	活塞式/涡旋式	CC≤528	3.3	3.3	3.3	3.3	3.4	3.6
	螺杆式	CC≤528	3.6	3.6	3.6	3.6	3.6	3.7
		528<CC≤1163	4	4	4	4	4.1	4.2
		CC>1163	4	4.1	4.2	4.4	4.4	4.4
	离心式	CC≤1163	4	4	4	4.1	4.1	4.2
		1163<CC≤2110	4.1	4.2	4.2	4.4	4.4	4.5
		CC>2110	4.5	4.5	4.5	4.5	4.6	4.6

【具体评价方式】

本条适用于各类民用建筑的预评价、评价。空调方式采用分体式以及多联式空调的，第1款直接通过（但前提是其供暖系统也满足本款要求，或没有供暖需求）。

预评价查阅暖通专业的设计说明、设备表、风系统图、水系统图等设计文件，电冷源综合制冷性能系数（SCOP）计算书，重点审查分区控制策略。

评价查阅预评价涉及内容的竣工文件，还查阅电冷源综合制冷性能系数（SCOP）计算书，重点审查分区控制策略。

7.1.3 应根据建筑空间功能设置分区温度，合理降低室内过渡区空间的温度设定标准。

【条文说明扩展】

室内过渡空间是指门厅、中庭、走廊、楼梯间等人员停留时间较短的区域。一方面是因为，人体对环境温度有一定的适应范围和调节能力。在短时间内经历适度的温度变化，人体可以通过自身的生理调节机制来适应。而且，由于过渡空间的停留时间短，人体在适应过程中不会产生明显的不适感。另一方面，空调系统的能耗与设定温度密切相关。一般来说，空调制冷时，每降低1℃，能耗会增加约6%~8%；制热时，每升高1℃，能耗会增加约5%~10%。通过降低过渡空间的空调温度设定标准，可以显著减少空调系统在过渡空间的运行能耗。因此，过渡区域可适当降低温度标准。此外，还可以调整过渡区域温度设定的运行时间。例如，在白天人员活动频繁时段，可保持过渡空间温度相对稳定在设定范围内。而在人员较少活动的时段，如果室外温度有所降低，可适当提高过渡空间的空调温度，以进一步节约能源。

> 《民用建筑供暖通风与空气调节设计规范》GB 50736-2012
> 3.0.2（2）人员短期逗留区域空调供冷工况室内设计参数宜比长期逗留区域提高1℃~2℃，供热工况宜降低1℃~2℃。短期逗留区域供冷工况风速不宜大于0.5m/s，供热工况风速不宜大于0.3m/s。

【具体评价方式】

本条适用于民用建筑的预评价、评价。对于室内过渡空间无须供暖空调的项目，本条直接通过。

预评价查阅暖通空调专业设计说明、暖通设计计算书、过渡空间温度控制策略等设计文件。

评价查阅预评价涉及内容的竣工文件。

7.1.4 公共区域的照明系统应采用分区、定时、感应等节能控制；采光区域的照明控制应独立于其他区域的照明控制。

【条文说明扩展】

本条第1分句要求公共区域照明节能控制。照明系统分区需满足自然光利用、功能和作息差异的要求。对于公共区域（包括走廊、楼梯间、大堂、门厅、地下停车场等场所）应采用分区控制，并可根据场所活动特点选择定时、感应等节能控制措施。如楼梯间采取声控、光控或人体感应控制；走廊、地下车库可采用定时或感应等控制方式。但需要注意的是，强制性工程建设规范《建筑节能与可再生能源利用通用规范》GB 55015-2021提出对于医院病房楼、中小学校及宿舍、幼儿园（未成年人使用场所）、老年公寓、旅馆等场所，因病人、儿童、老年人等人员在灯光明暗转换期间易发生踏空等安全事故，不宜采用就地感应控制。

《建筑照明设计标准》GB/T 50034-2024

7.3.1 公共建筑和工业建筑的走廊、楼梯间、门厅等公共场所的照明，宜按建筑使用条件和天然采光状况采取分区、分组控制措施。

7.3.2 公共场所宜采用集中控制，并按需要采取调光或降低照度的控制措施。

7.3.3 旅馆的每间（套）客房应设置节能控制措施；楼梯间、走道的照明，除疏散照明外，宜采用自动降低照度等节能措施。

7.3.4 住宅建筑共用部位的照明，应采用自动降低照度等节能措施。当应急照明采用节能自熄开关时，应采取消防时强制点亮的措施。

《建筑节能与可再生能源利用通用规范》GB 55015-2021

3.3.8 建筑的走廊、楼梯间、门厅、电梯厅及停车库照明应能够根据照明需求进行节能控制；大型公共建筑的公用照明区域应采取分区、分组及调节照度的节能控制措施。

3.3.9 有天然采光的场所，其照明应根据采光状况和建筑使用条件采取分区、分组、按照度或按时段调节的节能控制措施。

《民用建筑电气设计标准》GB 51348-2019

24.3.7 照明控制应符合下列规定：

1 应结合建筑使用情况及天然采光状况，进行分区、分组控制；

2 天然采光良好的场所，宜按该场所照度要求、营运时间等自动开关灯或调光；

3 旅馆客房应设置节电控制型总开关，门厅、电梯厅、大堂和客房层走廊等场所，除疏散照明外宜采用夜间降低照度的自动控制装置；

4 功能性照明宜每盏灯具单独设置控制开关；当有困难时，每个开关所控的灯具数不宜多于6盏；

5 走廊、楼梯间、门厅、电梯厅、卫生间、停车库等公共场所的照明，宜采用集中开关控制或自动控制；

6 大空间室内场所照明，宜采用智能照明控制系统；

7 道路照明、夜景照明应集中控制；

8 设置电动遮阳的场所，宜设照度控制与其联动。

本条第2分句要求采光区域的照明控制。对于侧面采光，采光区域可参照国家标准《建筑采光设计标准》GB 50033-2013第6.0.1条规定的采光有效进深确定（表7-1）；对于平天窗采光，采光区域包括天窗水平投影区域以及与该投影边界的距离不大于顶棚高度70%的区域；对于锯齿形天窗，采光区域为天窗照射方向不大于窗下沿高度的水平距离范围。

7 资源节约

表 7-1 窗地面积比和采光有效进深

采光等级	侧面采光		顶部采光
	窗地面积比 (A_c/A_d)	采光有效进深 (b/h_s)	窗地面积比 (A_c/A_d)
I	1/3	1.8	1/6
II	1/4	2.0	1/8
III	1/5	2.5	1/10
IV	1/6	3.0	1/13
V	1/10	4.0	1/23

表中 b 为房间的进深或跨度，h_s 为参考平面至窗上沿高度，单位均为 m。

【具体评价方法】

本条适用于各类民用建筑的预评价、评价。

预评价查阅相关设计文件（包含电气照明系统图、电气照明平面施工图）、设计说明（需包含照明设计要求、照明设计标准、照明控制措施等）。

评价查阅相关竣工图、设计说明（需包含照明设计要求、照明设计标准、照明控制措施等）。

7.1.5 冷热源、输配系统和照明等各部分能耗应进行独立分项计量。

【条文说明扩展】

> 《民用建筑节能条例》第十八条规定："实行集中供热的建筑应当安装供热系统调控装置、用热计量装置和室内温度调控装置；公共建筑还应当安装用电分项计量装置。住宅建筑安装的用热计量装置应当满足分户计量的要求。计量装置应当依法检定合格。"

住房城乡建设部 2008 年发布的《国家机关办公建筑和大型公共建筑能耗监测系统分项能耗数据采集技术导则》中对国家机关办公建筑和大型公共建筑能耗监测系统的建设提出指导性做法。要求电量分为照明插座用电、空调用电、动力用电和特殊用电。

照明插座用电可包括专用区域照明插座用电、公共区域照明插座用电、室外景观照明用电等子项；空调用电可包括冷热站用电、空调末端用电等子项；动力用电包括电梯用电、水泵用电、通风机用电等子项。

同时发布的《国家机关办公建筑和大型公共建筑能耗监测系统楼宇分项计量设计安装技术导则》则进一步规定以下回路应设置分项计量表计：

（1）变压器低压侧出线回路；
（2）单独计量的外供电回路；
（3）特殊区供电回路；
（4）制冷机组主供电回路；
（5）单独供电的冷热源系统附泵回路；

(6) 集中供电的分体空调回路；
(7) 照明插座主回路；
(8) 电梯回路；
(9) 其他应单独计量的用电回路。

对于公共建筑，除应符合前述规定外，还要求采用集中冷热源的公共建筑考虑使冷热源装置的冷量热量、热水等能耗都能实现独立分项计量。

对于住宅建筑，不要求户内各路用电的单独分项计量，但应实现分户计量；住宅公共区域参考前述公共建筑执行。

【具体评价方式】

本条适用于各类民用建筑的预评价、评价。

预评价查阅电气、水、暖等相关专业的设计说明、给水、热水、中水系统图、供暖空调系统水系统图、远程计量系统图（若有）、电气计量表计所涉及的电气低压配电系统图、配电箱系统图、暖通空调冷热源机房、计量小室及其控制系统图、各类计量表计的设置要求及位置等设计文件。

评价查阅预评价涉及内容的竣工文件，还查阅各类计量表计订货资料及表计校准资料、设备材料表。

7.1.6 垂直电梯应采取群控、变频调速或能量反馈等节能措施；自动扶梯应采用变频感应启动等节能控制措施。

【条文说明扩展】

建筑物设置了两部及以上垂直电梯且在一个电梯厅时才考虑群控。对垂直电梯，应具有群控、变频调速拖动、能量再生回馈等至少一项技术。对于扶梯，应采用变频感应启动技术来降低使用能耗。如同时采用垂直电梯和扶梯，需同时满足上述要求。能量反馈装置，一般应用于高层建筑时效果明显，可参见现行国家标准《电梯能量回馈装置》GB/T 32271。

现行国家标准《民用建筑电气设计标准》GB 51348及特定类型建筑电气设计规范（例如《交通建筑电气设计规范》JGJ 243、《会展建筑电气设计规范》JGJ 333）均有电梯节能、控制的相关条款。电梯和扶梯的节能控制措施包括但不限于电梯群控、扶梯感应启停及变频、轿厢无人自动关灯、驱动器休眠等。

【具体评价方式】

本条适用于各类民用建筑的预评价、评价。未设置电梯、扶梯的建筑，本条直接通过。

预评价查阅相关建筑专业设计说明、设备表等设计文件，电梯与自动扶梯人流平衡计算分析报告。

评价查阅预评价涉及内容的竣工文件，还查阅电梯与自动扶梯人流平衡计算分析报告、电梯及扶梯订货产品资料，产品型式检验报告。

7.1.7 应制定水资源利用方案，统筹利用各种水资源，并应符合下列规定：

1 应按使用用途、付费或管理单元，分别设置用水计量装置；

2 用水点处水压大于 0.2MPa 的配水支管应设置减压设施，并应满足用水器具最低工作压力的要求；

3 用水器具和设备应满足现行国家标准《节水型产品通用技术条件》GB/T 18870 的要求。

【条文说明扩展】

水资源利用方案包含下列内容：

（1）当地政府规定的节水要求、地区水资源状况、气象资料、地质条件及市政设施情况等；

（2）项目概况。当项目包含多种建筑类型，如住宅、办公建筑、旅馆、商场、会展建筑等时，可统筹考虑项目内水资源的综合利用；

（3）确定节水用水定额、编制水量计算表及水量平衡表；

（4）给水排水系统设计方案介绍；

（5）采用的节水器具、设备和系统的相关说明；

（6）非传统水源利用方案。对雨水、再生水及海水等水资源利用的技术经济可行性进行分析和研究，进行水量平衡计算，确定雨水、再生水及海水等水资源的利用方法、规模、处理工艺流程等；

（7）非亲水性的室外景观水体用水水源不得采用市政自来水和地下井水，景观水体补水可以采用地表水和非传统水源；取用建筑场地外的地表水时，应事先取得当地政府主管部门的许可；采用雨水和建筑中水作为水源时，水景规模应根据设计可收集利用的雨水或中水量确定。景观水体的水质根据水景功能性质不同，应不低于现行国家标准的相关要求，具体水质标准详见第 5.2.3 条内容。

当项目水资源利用方案与设计文件不符时，以设计文件为评判依据。

第 1 款，使用用途包括厨房、卫生间、空调、游泳池、绿化、景观、浇洒道路、洗车等；付费或管理单元，例如住宅各户、商场各商铺等。

第 2 款，给水系统设计时应采取措施控制超压出流现象，应合理进行压力分区，并适当地采取支管减压措施，避免造成浪费。当选用自带减压装置或恒压出水的用水器具时，该部分管线的工作压力满足相关设计规范的要求即可，但应明确设计要求并提供产品样本。当建筑因功能需要，选用有特殊压力要求的用水器具或设备时，如选用的用水器具或设备有用水效率等级国家标准时，应选用水效等级不低于 2 级的产品；如选用的用水器具或设备无水效等级国家标准时，应选用节水型产品，并提供同类产品平均用水量情况说明。

第 3 款，所有用水器具应满足现行国家标准《节水型产品通用技术条件》GB/T 18870 的要求，该标准规定了用水器具、灌溉设备、冷却塔等节水型产品的定义、生产行为规则及常用节水型产品的评价指标和测试方法。除特殊功能需求外，均应采用节水型用水器具。

【具体评价方式】

本条适用于各类民用建筑的预评价、评价。

预评价查阅水表分级设置示意图、各层用水点用水压力计算图表、用水器具节水性能要求说明等设计文件，水资源利用方案及其在设计中的落实情况说明。

评价查阅预评价涉及内容的竣工文件，并查阅水资源利用方案及其在项目中的落实情况（实际落实情况与水资源利用方案不一致时，应有相应原因说明），节水器具、设备的产品说明书、用水器具产品节水性能检测报告。

7.1.8 不应采用建筑形体和布置严重不规则的建筑结构。

【条文说明扩展】

建筑设计应符合空间逻辑、使用逻辑。宏观震害调查表明，在同一次地震中，形体复杂的房屋比形体规则的房屋更容易破坏，甚至倒塌。建筑方案的规则性对建筑结构的抗震安全性来说十分重要。建筑设计应重视平面、立面和竖向剖面的规则性对抗震性能及经济合理性的影响。"规则"包含了对建筑的平、立面外形尺寸，抗侧力构件布置、质量分布，直至承载力分布等诸多因素的综合要求。

《建筑与市政工程抗震通用规范》GB 55002-2021 与《建筑抗震设计标准》GB/T 50011-2010（2024年版）对建筑的规则性均提出了具体要求，并不应采用严重不规则的建筑方案。

《建筑与市政工程抗震通用规范》GB 55002-2021

5.1.1 建筑设计应根据抗震概念设计的要求明确建筑形体的规则性。不规则的建筑应按规定采取加强措施；特别不规则的建筑应进行专门研究和论证，采取特别的加强措施；不应采用严重不规则的建筑方案。

《建筑抗震设计标准》GB 50011-2010（2024年版）

3.4.4 建筑形体及其构件布置不规则时，应按下列要求进行地震作用计算和内力调整，并应对薄弱部位采取有效的抗震构造措施：

1 平面不规则而竖向规则的建筑，应采用空间结构计算模型，并应符合下列要求：

1）扭转不规则时，应计入扭转影响，且在具有偶然偏心的规定水平力作用下，楼层两端抗侧力构件弹性水平位移或层间位移的最大值与平均值的比值不宜大于1.5，当最大层间位移远小于规范限值时，可适当放宽；

2）凹凸不规则或楼板局部不连续时，应采用符合楼板平面内实际刚度变化的计算模型；高烈度或不规则程度较大时，宜计入楼板局部变形的影响；

3）平面不对称且凹凸不规则或局部不连续，可根据实际情况分块计算扭转位移比，对扭转较大的部位应采用局部的内力增大系数。

2 平面规则而竖向不规则的建筑，应采用空间结构计算模型，刚度小的楼层的地震剪力应乘以不小于1.15的增大系数，其薄弱层应按本规范有关规定进行弹塑性变形分析，并应符合下列要求：

1）竖向抗侧力构件不连续时，该构件传递给水平转换构件的地震内力应根据烈度高低和水平转换构件的类型、受力情况、几何尺寸等，乘以1.25~2.0的增大系数；

2）侧向刚度不规则时，相邻层的侧向刚度比应依据其结构类型符合本规范相关章节的规定；

3）楼层承载力突变时，薄弱层抗侧力结构的受剪承载力不应小于相邻上一楼层的65%。

3 平面不规则且竖向不规则的建筑，应根据不规则类型的数量和程度，有针对性地采取不低于本条1、2款要求的各项抗震措施。特别不规则的建筑，应经专门研究，采取更有效的加强措施或对薄弱部位采用相应的抗震性能化设计方法。

严重不规则，指的是形体复杂，多项不规则指标超过《建筑抗震设计标准》GB 50011-2010（2024年版）第3.4.4条上限值或某一项大大超过规定值，具有现有技术和经济条件不能克服的严重的抗震薄弱环节，可能导致地震破坏的严重后果者。

【具体评价方式】

本条适用于各类民用建筑的预评价、评价。

预评价查阅建筑、结构专业设计文件，建筑形体规则性判定报告（或特殊情况说明），重点审核报告中计算及其依据的合理性、建筑形体的规则性及其判定的合理性。

评价查阅预评价涉及内容的竣工文件，还查阅建筑形体规则性判定报告（或特殊情况说明），重点审核报告中计算及其依据的合理性、建筑形体的规则性及其判定的合理性。

7.1.9 建筑造型要素应简约，应无大量装饰性构件，并应符合下列规定：

1 住宅建筑的装饰性构件造价占建筑总造价的比例不应大于2%；

2 公共建筑的装饰性构件造价占建筑总造价的比例不应大于1%。

【条文说明扩展】

设置大量的没有功能的纯装饰性构件，不符合绿色建筑节约资源的要求。鼓励使用装饰和功能一体化构件，在满足建筑功能的前提之下，体现美学效果、节约资源。本条鼓励使用装饰和功能一体化构件，如结合遮阳功能的格栅、结合绿化布置的构架等，在满足建筑功能的前提下，体现美学效果、节约资源。

本条所指的装饰性构件主要包括以下三类：

（1）超出安全防护高度2倍的女儿墙的超高部分；

（2）仅用于装饰的塔、球、曲面；

（3）不具备遮阳、导光、导风、载物、辅助绿化等功能作用的飘板、格栅、构架。

为更好地贯彻新时期建筑方针"适用、经济、绿色、美观"，兼顾公共建筑尤其是商业及文娱建筑的特殊性，本条对其装饰性构件造价比定为不应大于1%。

装饰性构件造价比例计算应以单栋建筑为单元，各单栋建筑的装饰性构件造价比例均应符合条文规定的比例要求。计算时，分子为各类装饰性构件造价之和，分母为单栋建筑的土建、安装工程总造价，不包括征地、装修等其他费用。

【具体评价方式】

本条适用于各类民用建筑的预评价、评价。

预评价查阅建筑效果图、立面图、剖面图等设计文件，装饰性构件的功能说明书（如

7.1 控制项

有）及造价计算书，重点审核女儿墙高度、构件功能性、计算数据来源。

评价查阅预评价涉及内容的竣工文件、建筑实景照片、装饰性构件的功能说明书（如有）及造价计算书，重点审核女儿墙高度、构件功能性、计算数据来源。

7.1.10 选用的建筑材料应符合下列规定：

1 500km 以内生产的建筑材料重量占建筑材料总重量的比例应大于 60%；

2 现浇混凝土应采用预拌混凝土，建筑砂浆应采用预拌砂浆。

【条文说明扩展】

鼓励选用本地化建材，是减少运输过程的资源和能源消耗、降低环境污染的重要手段之一。本条第 1 款，所要求的 500km 是指建筑材料的最后一个生产或加工工厂到场地或施工现场的运输距离。在预评价阶段，设计说明中应提出选材要求。预评价阶段在设计说明中落实相关要求者视为通过。特殊地区因客观原因无法达到者提供相关说明由专家判定能否例外。

预拌混凝土和预拌砂浆产品性能稳定，易于保证工程质量，能够减少施工现场噪声和粉尘污染，节约能源、资源，减少材料损耗。本条第 2 款，预拌混凝土应符合现行国家标准《预拌混凝土》GB/T 14902 的性能等级、原料和配合比、质量要求等有关规定。预拌砂浆应符合现行国家标准《预拌砂浆》GB/T 25181 及现行行业标准《预拌砂浆应用技术规程》JGJ/T 223 的材料、要求、制备等有关规定。若项目所在地无预拌混凝土或砂浆采购来源者，可提供相关说明，由专家判定能否例外。

【具体评价方式】

本条适用于各类民用建筑的预评价、评价。

预评价查阅建筑施工图及设计说明、结构施工图及设计说明和工程材料预算清单。第 1 款重点核查建材的最后一个生产或加工工厂或场地位置；第 2 款重点核查预拌混凝土和预拌砂浆的设计要求。

评价查阅预评价涉及内容的竣工文件，还查阅购销合同、材料用量清单及相关计算书等证明文件。第 1 款重点核查建材的最后一个生产或加工工厂或场地位置；第 2 款重点核查预拌混凝土和预拌砂浆的设计要求及使用情况。

7.1.11 资源节约相关技术要求应符合现行强制性工程建设规范《建筑节能与可再生能源利用通用规范》GB 55015、《建筑给水排水与节水通用规范》GB 55020 等的规定。

【条文说明扩展】

强制性工程建设规范具有强制约束力，是保障人民生命财产安全、人身健康、工程安全、生态环境安全、公众权益和公众利益，以及促进能源资源节约利用、满足经济社会管理等方面的控制性底线要求，工程建设项目的勘察、设计、施工、验收、维修、养护、拆除等建设活动全过程中必须严格执行。绿色建筑必须以合格建筑作为基础和前提，因此资源节约相关技术要求必须符合现行强制性工程建设规范的规定。

7 资源节约

【具体评价方式】

本条适用于各类民用建筑的预评价、评价。

预评价查阅相关设计文件。

评价查阅相关竣工图。

7.2 评 分 项

Ⅰ 节地与土地利用

7.2.1 节约集约利用土地，评价总分值为20分，并按下列规则评分：

1 对于住宅建筑，根据其所在居住街坊人均住宅用地指标按表7.2.1-1的规则评分。

表7.2.1-1 居住街坊人均住宅用地指标评分规则

建筑气候区划	人均住宅用地指标 A（m²）					得分
	平均3层及以下	平均4～6层	平均7～9层	平均10～18层	平均19层及以上	
Ⅰ、Ⅶ	$33<A\leqslant36$	$29<A\leqslant32$	$21<A\leqslant22$	$17<A\leqslant19$	$12<A\leqslant13$	15
	$A\leqslant33$	$A\leqslant29$	$A\leqslant21$	$A\leqslant17$	$A\leqslant12$	20
Ⅱ、Ⅵ	$33<A\leqslant36$	$27<A\leqslant30$	$20<A\leqslant21$	$16<A\leqslant17$	$12<A\leqslant13$	15
	$A\leqslant33$	$A\leqslant27$	$A\leqslant20$	$A\leqslant16$	$A\leqslant12$	20
Ⅲ、Ⅳ、Ⅴ	$33<A\leqslant36$	$24<A\leqslant27$	$19<A\leqslant20$	$15<A\leqslant16$	$11<A\leqslant12$	15
	$A\leqslant33$	$A\leqslant24$	$A\leqslant19$	$A\leqslant15$	$A\leqslant11$	20

2 对于公共建筑，根据不同功能建筑的容积率（R）按表7.2.1-2的规则评分。

表7.2.1-2 公共建筑容积率（R）评分规则

行政办公、商务办公、商业金融、旅馆饭店、交通枢纽等	教育、文化、体育、医疗卫生、社会福利等	得分
$1.0\leqslant R<1.5$	$0.5\leqslant R<0.8$	8
$1.5\leqslant R<2.5$	$R\geqslant2.0$	12
$2.5\leqslant R<3.5$	$0.8\leqslant R<1.5$	16
$R\geqslant3.5$	$1.5\leqslant R<2.0$	20

【条文说明扩展】

建设项目整体指标应满足所在地控制性详细规划的要求,通常是通过规划许可的"规划条件"提出控制要求。

第1款,现行国家标准《城市居住区规划设计标准》GB 50180对居住区的最小规模即居住街坊的人均住宅用地提出了明确的控制规定。居住街坊是指住宅建筑集中布局、由支路等城市道路围合(一般为 2hm²~4hm² 住宅用地,约300~1000套住宅)形成的居住基本单元。如果建设项目规模超过 4hm²,规划设计应开设道路对建设项目场地进行分割并形成符合规模要求的居住街坊,划分居住街坊的道路是城市道路(不可封闭管理)并应与城市道路系统有机衔接,分割后形成的居住街坊为本条指标评价的基本单元。

如居住街坊中配套建设了标准规定的"便民服务设施",本条可直接采用住宅建筑的评价指标;若居住街坊中配套的商业设施超出了便民服务设施的内容,则应分离按照公共建筑进行计算和评价,并符合本标准第3.2.3条的规定。当住宅建筑与其他建筑竖向混合建设无法细分用地时(如商住建筑,底层商业超出住宅用地可兼容规定比例,或者并非便民服务设施),需分区独立计算和评价,应按照住宅与公共建筑的面积比例对应切分用地面积,即按照住宅建筑面积的占比计算居住街坊中住宅用地的实际面积。

人均住宅用地指标计算方法是,居住街坊住宅用地面积与住宅总套数乘以所在地户均人口数之积的比值(保留整数位);平均层数计算方法是,居住街坊内地上住宅建筑总面积与住宅建筑首层占地总面积的比值(保留整数位);住宅建筑所在城市的气候区划,应符合现行国家标准《建筑气候区划标准》GB 50178的规定。人均住宅用地指标应扣除城市道路用地及其他非住宅用地,以街坊内净住宅用地进行计算。

第2款,在充分考虑公共建筑功能特征的基础上对建筑类型进行了分类,公共建筑划分的建筑类别参考现行国家标准《民用建筑设计术语标准》GB/T 50504。一类是容积率通常较高的行政办公、商务办公、商业金融、旅馆饭店、交通枢纽等设施,另一类是容积率不宜太高的教育、文化、体育、医疗卫生、社会福利等公共服务设施,并分别制定了评分规则。

综合体项目,是指包含两种及两种以上公共建筑类别的综合性单体建筑项目。对于用地性质明确且有独立用地边界的申报项目,其容积率应按规划主管部门核发的建设用地规划许可证批准的用地面积进行计算。

【具体评价方式】

本条适用于各类民用建筑的预评价、评价。宿舍建筑可参照第2款公共服务设施进行评价。

预评价查阅建设项目规划设计总平面图及其综合技术指标或用地指标计算书,重点审核建设用地规划许可证及其"规划条件"。

评价查阅预评价涉及内容的竣工文件,并查阅用地指标计算书。

7.2.2 合理开发利用地下空间,评价总分值为12分,根据地下空间开发利用指标,按表7.2.2的规则评分。

7 资源节约

表7.2.2 地下空间开发利用指标评分规则

建筑类型	地下空间开发利用指标		得分
住宅建筑	地下建筑面积与地上建筑面积的比率 R_r 地下一层建筑面积与总用地面积的比率 R_p	$5\%\leq R_r<20\%$	5
		$R_r\geq 20\%$	7
		$R_r\geq 35\%$ 且 $R_p<60\%$	12
公共建筑	地下建筑面积与总用地面积之比 R_{p1} 地下一层建筑面积与总用地面积的比率 R_p	$R_{p1}\geq 0.5$	5
		$R_{p1}\geq 0.7$ 且 $R_p<70\%$	7
		$R_{p1}\geq 1.0$ 且 $R_p<60\%$	12

【条文说明扩展】

地下空间开发利用应与地上建筑及其他相关城市空间紧密结合、统一规划,满足安全、卫生、便利等要求。但从雨水渗透及地下水补给、减少径流外排等生态环保要求出发,地下空间的利用又应适度,因此本条对地下建筑占地即地下一层建筑面积与总用地面积的比率作了适当限制。

【具体评价方式】

本条适用于各类民用建筑的预评价、评价。由于地下空间的利用受诸多因素制约,因建筑规模、场地区位、地质条件等客观因素未利用地下空间的项目,经论证,确实不适宜开发地下空间的,本条评价可视为符合要求。

预评价查阅建筑设计总平面图及相关设计文件,地下空间利用计算书,不适宜开发地下空间的经济技术分析报告和说明(如有),重点审核地下空间设计的合理性。

评价查阅预评价涉及内容的竣工文件。

7.2.3 采用机械式停车设施、地下停车库或地面停车楼等方式,评价总分值为8分,并按下列规则评分:

1 住宅建筑地面停车位数量与住宅总套数的比率小于10%,得8分。

2 公共建筑地面停车占地面积与其总建设用地面积的比率小于8%,得8分。

【条文说明扩展】

国家标准《城市居住区规划设计标准》GB 50180-2018 第5.0.6条对地面停车位数量占住宅总套数的比例提出了规定。公共图书馆等公共服务设施的建设用地指标中,也有明确的地面停车占地规定,一般控制在8%左右。

> 《城市居住区规划设计标准》GB 50180-2018
> 5.0.6 2 地上停车位应优先考虑设置多层停车库或机械式停车设施,地面停车位数量不宜超过住宅总套数的10%。

【具体评价方式】

本条适用于各类民用建筑的预评价、评价。

预评价查阅建设项目规划设计总平面图（注明停车设施位置）等设计文件，地面停车率计算书，重点核查立体停车的设计与组织方式。

评价查阅预评价涉及内容的竣工文件，地面停车率计算书。

Ⅱ 节能与能源利用

7.2.4 优化建筑围护结构的热工性能，评价总分值为 10 分，并按下列规则评分：

1 围护结构热工性能比现行强制性工程建设规范《建筑节能与可再生能源利用通用规范》GB 55015 的规定提高 5%，得 5 分；每再提高 1%，再得 1 分，最高得 10 分。

2 建筑供暖空调负荷降低 3%，得 5 分；每再降低 1%，再得 1 分，最高得 10 分。

【条文说明扩展】

第 1 款要求的是外墙、屋顶、外窗、幕墙等围护结构主要部位的传热系数 K、外窗/幕墙的太阳得热系数 $SHGC$ 要优于《建筑节能与可再生能源利用通用规范》GB 55015-2021 的限值要求。公共建筑的对应标准是强制性工程建设规范《建筑节能与可再生能源利用通用规范》GB 55015-2021 第 3.1.10 和第 3.1.11 条规定的围护结构传热系数、太阳得热系数；居住建筑的对应条文则是该规范的第 3.1.8 和第 3.1.9 条。

对于夏热冬暖地区，不要求其围护结构传热系数 K 进一步降低，只规定了其透光围护结构的太阳得热系数 $SHGC$ 的降低要求。对于严寒和寒冷地区，不要求其透光围护结构的太阳得热系数 $SHGC$ 进一步提升（但窗墙面积比超过 0.5 的朝向除外），只对其围护结构（包括透光围护结构和非光明围护结构）的传热系数 K 提出更高要求。且对于严寒和寒冷地区，虽然建筑外墙外保温比较普遍，外墙热桥的线传热系数对外墙平均传热系数影响不大，但随着装配式建筑中夹心保温（三明治构造）的构造做法的推广，装配式绿色建筑外墙热桥对平均传热系数的影响需在构造设计和项目应用中注重考虑。对于各气候区的北向透光围护结构，不要求其太阳得热系数 $SHGC$ 进一步提升。本细则附录 A 列出了不同气候区居住和公共建筑围护结构热工性能更优的指标要求。

第 2 款，适用于所有气候区建筑类型，特别是对于围护结构没有限值要求的建筑，以及室内发热量超过 $40W/m^2$ 的公共建筑，应优先采用第 2 款判定。建筑供暖空调负荷降低比例，指的是与参照建筑相比，设计建筑通过围护结构热工性能改善而使全年供暖和空调能耗降低的百分数，应计算建筑供暖空调的全年负荷。其中，建筑供暖负荷，包括建筑围护结构传热、太阳辐射和围护结构渗风形成的热负荷，不包括通过机械设备主动通风的新风热负荷。建筑供冷负荷，包括建筑围护结构传热、太阳辐射得热、围护结构渗风得热以及室内人员、设备等内扰形成的冷负荷，不包括通过机械设备主动通风的新风冷负荷。

本款需要基于两个算例的建筑供暖空调全年计算负荷进行判定。两个算例仅考虑建筑

7 资源节约

围护结构本身的不同热工性能，供暖空调系统的类型、设备系统的运行状态等按常规形式考虑即可。第一个算例取现行强制性工程建设规范《建筑节能与可再生能源利用通用规范》GB 55015 的建筑围护结构的热工性能参数，第二个算例取实际设计的建筑围护结构的热工性能参数，但需注意两个算例所采用的暖通空调系统形式一致，然后比较两者的全年计算负荷差异。

【具体评价方式】

本条适用于各类民用建筑的预评价、评价。

预评价查阅建筑施工图及设计说明、围护结构施工详图、围护结构热工性能参数表等设计文件，当地建筑节能审查相关文件；第 2 款还查阅供暖空调全年负荷的计算分析报告。

评价查阅预评价涉及内容的竣工文件，当地建筑节能审查相关文件及节能工程验收记录；第 2 款还查阅供暖空调全年负荷的计算分析报告。

7.2.5 供暖空调系统的冷、热源机组能效均优于现行强制性工程建设规范《建筑节能与可再生能源利用通用规范》GB 55015 的规定以及国家现行有关标准能效限定值的要求，评价总分值为 10 分，按表 7.2.5 的规则评分。

表 7.2.5 冷、热源机组能效提升幅度评分规则

机组类型		能效指标	参照标准	评分要求	
电机驱动的蒸气压缩循环冷水(热泵)机组	定频水冷	制冷性能系数（COP）	现行强制性工程建设规范《建筑节能与可再生能源利用通用规范》GB 55015	提高 4%	提高 8%
	变频水冷	制冷性能系数（COP）		提高 6%	提高 12%
	活塞式/涡旋式风冷或蒸发冷却	制冷性能系数（COP）		提高 4%	提高 8%
	螺杆式风冷或蒸发冷却	制冷性能系数（COP）		提高 6%	提高 12%
直燃型溴化锂吸收式冷（温）水机组		制冷、供热性能系数（COP）		提高 6%	提高 12%
单元式空气调节机、风管送风式空调(热泵)机组	风冷单冷型	制冷季节能效比（SEER）		提高 8%	提高 16%
	风冷热泵型	全年性能系数（APF）			
	水冷	制冷综合部分负荷性能系数（IPLV）			

7.2 评 分 项

续表7.2.5

机组类型		能效指标	参照标准	评分要求	
多联式空调(热泵)机组	水冷	制冷综合部分负荷性能系数(IPLV)	现行强制性工程建设规范《建筑节能与可再生能源利用通用规范》GB 55015	提高8%	提高16%
	风冷	全年性能系数(APF)			
锅炉		热效率		提高1个百分点	提高2个百分点
房间空气调节器		制冷季节能源消耗效率(SEER)或全年能源消耗效率(APF)	现行国家标准《房间空气调节器能效限定值及能效等级》GB 21455	2级能效等级限值	1级能效等级限值
燃气采暖热水炉		热效率	现行国家标准《家用燃气快速热水器和燃气采暖热水炉能效限定值及能效等级》GB 20665		
蒸汽型溴化锂吸收式冷水机组		制冷、供热性能系数(COP)	现行国家标准《溴化锂吸收式冷水机组能效限定值及能效等级》GB 29540		
得分				5分	10分

【条文说明扩展】

强制性工程建设规范《建筑节能与可再生能源利用通用规范》GB 55015-2021对锅炉额定热效率、户式燃气供暖热水炉热效率、电机驱动的蒸气压缩循环冷水(热泵)机组的性能系数(COP)、水冷多联式空调(热泵)机组的制冷综合部分性能系数(IPLV)、风冷多联式空调(热泵)机组的全年性能系数(APF)、单元式空气调节机、风管送风式空调(热泵)机组的制冷季节能效比(SEER)、全年性能系数(APF)或制冷综合部分性能系数(IPLV)、直燃型溴化锂吸收式冷(温)水机组的性能参数提出了基本要求。本条在此基础上,以提高百分比(锅炉热效率以百分点)的形式,对包括上述机组在内的供暖空调冷热源机组能源效率提出了更高要求。

《建筑节能与可再生能源利用通用规范》GB 55015-2021

3.2.5 锅炉的选型,应与当地长期供应的燃料种类相适应。在名义工况和规定条件下,锅炉的设计热效率不应低于表3.2.5-1~表3.2.5-3的数值。

7 资源节约

表 3.2.5-1 燃液体燃料、天然气锅炉名义工况下的热效率（%）

锅炉类型及燃料种类		锅炉热效率（%）
燃油燃气锅炉	重油	90
	轻油	90
	燃气	92

表 3.2.5-2 燃生物质锅炉名义工况下的热效率（%）

燃料种类	锅炉额定蒸发量 D(t/h)/额定热功率 Q(MW)	
	$D\leqslant10/Q\leqslant7$	$D>10/Q>7$
	锅炉热效率（%）	
生物质	80	86

表 3.2.5-3 燃煤锅炉名义工况下的热效率（%）

锅炉类型及燃料种类		锅炉额定蒸发量 D(t/h)/额定热功率 Q(MW)	
		$D\leqslant20/Q\leqslant14$	$D>20/Q>14$
		锅炉热效率（%）	
层状燃烧锅炉	Ⅲ类烟煤	82	84
流化床燃烧锅炉		88	88
室燃(煤粉)锅炉产品		88	88

3.2.9 采用电机驱动的蒸汽压缩循环冷水（热泵）机组时，其在名义制冷工况和规定条件下的性能系数（COP）应符合下列规定：

　　1 定频水冷机组及风冷或蒸发冷却机组的性能系数（COP）不应低于表3.2.9-1的数值；

　　2 变频水冷机组及风冷或蒸发冷却机组的性能系数（COP）不应低于表3.2.9-2中的数值。

表 3.2.9-1 名义制冷工况和规定条件下定频冷水（热泵）机组的制冷性能系数（COP）

类型		名义制冷量 CC (kW)	性能系数 COP(W/W)					
			严寒A、B区	严寒C区	温和地区	寒冷地区	夏热冬冷地区	夏热冬暖地区
水冷	活塞式/涡旋式	$CC\leqslant528$	4.30	4.30	4.30	5.30	5.30	5.30
	螺杆式	$CC\leqslant528$	4.80	4.90	4.90	5.30	5.30	5.30
		$528<CC\leqslant1163$	5.20	5.20	5.20	5.60	5.60	5.60
		$CC>1163$	5.40	5.50	5.60	5.80	5.80	5.80
	离心式	$CC\leqslant1163$	5.50	5.60	5.60	5.70	5.80	5.80
		$1163<CC\leqslant2110$	5.90	5.90	5.90	6.00	6.10	6.10
		$CC>2110$	6.00	6.10	6.10	6.20	6.30	6.30

续表 3.2.9-1

类型		名义制冷量 CC (kW)	性能系数 COP(W/W)					
			严寒A、B区	严寒C区	温和地区	寒冷地区	夏热冬冷地区	夏热冬暖地区
风冷或蒸发冷却	活塞式/涡旋式	CC≤50	2.80	2.80	2.80	3.00	3.00	3.00
		CC>50	3.00	3.00	3.00	3.00	3.20	3.20
	螺杆式	CC≤50	2.90	2.90	2.90	3.00	3.00	3.00
		CC>50	2.90	2.90	3.00	3.00	3.20	3.20

表 3.2.9-2 名义制冷工况和规定条件下变频冷水（热泵）机组的制冷性能系数（COP）

类型		名义制冷量 CC (kW)	性能系数 COP(W/W)					
			严寒A、B区	严寒C区	温和地区	寒冷地区	夏热冬冷地区	夏热冬暖地区
水冷	活塞式/涡旋式	CC≤528	4.20	4.20	4.20	4.20	4.20	4.20
	螺杆式	CC≤528	4.37	4.47	4.47	4.47	4.56	4.66
		528<CC≤1163	4.75	4.75	4.75	4.85	4.94	5.04
		CC>1163	5.20	5.20	5.20	5.23	5.32	5.32
	离心式	CC≤1163	4.70	4.70	4.74	4.84	4.93	5.02
		1163<CC≤2110	5.20	5.20	5.20	5.20	5.21	5.30
		CC>2110	5.30	5.30	5.30	5.39	5.49	5.49
风冷或蒸发冷却	活塞式/涡旋式	CC≤50	2.50	2.50	2.50	2.50	2.51	2.60
		CC>50	2.70	2.70	2.70	2.70	2.70	2.70
	螺杆式	CC≤50	2.51	2.51	2.51	2.60	2.70	2.70
		CC>50	2.70	2.70	2.70	2.79	2.79	2.79

3.2.12 采用多联式空调（热泵）机组时，其在名义制冷工况和规定条件下的能效不应低于表 3.2.12-1、表 3.2.12-2 的数值。

表 3.2.12-1 水冷多联式空调（热泵）机组制冷综合部分负荷性能系数（IPLV）

名义制冷量 CC (kW)	制冷综合部分负荷性能系数 IPLV					
	严寒A、B区	严寒C区	温和地区	寒冷地区	夏热冬冷地区	夏热冬暖地区
CC≤28	5.20	5.20	5.50	5.50	5.90	5.90
28<CC≤84	5.10	5.10	5.40	5.40	5.80	5.80
CC>84	5.00	5.00	5.30	5.30	5.70	5.70

7 资源节约

表3.2.12-2 风冷多联式空调（热泵）机组全年性能系数（APF）

名义制冷量CC (kW)	全年性能系数 APF					
	严寒 A、B区	严寒 C区	温和 地区	寒冷 地区	夏热冬 冷地区	夏热冬 暖地区
CC≤14	3.60	4.00	4.00	4.20	4.40	4.40
14＜CC≤28	3.50	3.90	3.90	4.10	4.30	4.30
28＜CC≤50	3.40	3.90	3.90	4.00	4.20	4.20
50＜CC≤68	3.30	3.50	3.50	3.80	4.00	4.00
CC＞68	3.20	3.50	3.50	3.50	3.80	3.80

3.2.13 采用电机驱动的单元式空气调节机、风管送风式空调（热泵）机组时，其在名义制冷工况和规定条件下的能效应符合下列规定：

1 采用电机驱动压缩机、室内静压为0Pa（表压力）的单元式空气调节机能效不应低于表3.2.13-1～表3.2.13-3的数值；

2 采用电机驱动压缩机、室内静压大于0Pa（表压力）的风管送风式空调（热泵）机组能效不应低于表3.2.13-4～表3.2.13-6中的数值。

表3.2.13-1 风冷单冷型单元式空气调节机制冷季节能效比（SEER）

名义制冷量CC (kW)	制冷季节能效比 SEER(Wh/Wh)					
	严寒 A、B区	严寒 C区	温和 地区	寒冷 地区	夏热冬 冷地区	夏热冬 暖地区
7.0＜CC≤14.0	3.65	3.65	3.70	3.75	3.80	3.80
CC＞14.0	2.85	2.85	2.90	2.95	3.00	3.00

表3.2.13-2 风冷热泵型单元式空气调节机全年性能系数（APF）

名义制冷量CC (kW)	全年性能系数 APF(Wh/Wh)					
	严寒 A、B区	严寒 C区	温和 地区	寒冷 地区	夏热冬 冷地区	夏热冬 暖地区
7.0＜CC≤14.0	2.95	2.95	3.00	3.05	3.10	3.10
CC＞14.0	2.85	2.85	2.90	2.95	3.00	3.00

表3.2.13-3 水冷单元式空气调节机制冷综合部分负荷性能系数（IPLV）

名义制冷量CC (kW)	制冷综合部分负荷性能系数 IPLV(W/W)					
	严寒 A、B区	严寒 C区	温和 地区	寒冷 地区	夏热冬 冷地区	夏热冬 暖地区
7.0＜CC≤14.0	3.55	3.55	3.60	3.65	3.70	3.70
CC＞14.0	4.15	4.15	4.20	4.25	4.30	4.30

表3.2.13-4 风冷单冷型风管送风式空调机组
制冷季节能效比（SEER）

名义制冷量CC (kW)	制冷季节能效比 SEER(Wh/Wh)					
	严寒 A、B区	严寒 C区	温和 地区	寒冷 地区	夏热冬 冷地区	夏热冬 暖地区
CC≤7.1	3.20	3.20	3.30	3.30	3.80	3.80
7.1<CC≤14.0	3.45	3.45	3.50	3.55	3.60	3.60
14.0<CC≤28.0	3.25	3.25	3.30	3.35	3.40	3.40
CC>28.0	2.85	2.85	2.90	2.95	3.00	3.00

表3.2.13-5 风冷热泵型风管送风式空调机组全年性能系数（APF）

名义制冷量CC (kW)	全年性能系数 APF(Wh/Wh)					
	严寒 A、B区	严寒 C区	温和 地区	寒冷 地区	夏热冬 冷地区	夏热冬 暖地区
CC≤7.1	3.00	3.00	3.20	3.30	3.40	3.40
7.1<CC≤14.0	3.05	3.05	3.10	3.15	3.20	3.20
14.0<CC≤28.0	2.85	2.85	2.90	2.95	3.00	3.00
CC>28.0	2.65	2.65	2.70	2.75	2.80	2.80

表3.2.13-6 水冷风管送风式空调机组制冷综合部分
负荷性能系数（IPLV）

名义制冷量CC (kW)	制冷综合部分负荷性能系数 IPLV(W/W)					
	严寒 A、B区	严寒 C区	温和 地区	寒冷 地区	夏热冬 冷地区	夏热冬 暖地区
CC≤14.0	3.85	3.85	3.90	3.90	4.00	4.00
CC>14.0	3.65	3.65	3.70	3.70	3.80	3.80

3.2.15 采用直燃型溴化锂吸收式冷（温）水机组时，其在名义工况和规定条件下的性能参数应符合表3.2.15的规定。

表3.2.15 直燃型溴化锂吸收式冷（温）水机组的性能参数

工况		性能参数	
冷（温）水进/出口温度 (℃)	冷却水进/出口温度 (℃)	性能系数(W/W)	
		制冷	供热
12/7(供冷)	30/35	≥1.20	—
—/60(供热)	—	—	≥0.90

为了方便比较，本细则附录B列出了空调系统的不同类型冷源机组能效指标更优的要求。与冷水或空调机组的能效指标提高幅度为百分数不同的是，锅炉能效指标提高幅度

为百分点，举例而言，当标准规定值为82%的燃煤锅炉热效率，进一步达到83%，视为满足提高1个百分点的要求。

对于现行强制性工程建设规范《建筑节能与可再生能源利用通用规范》GB 55015中暂未规定的其他类型冷热源，例如蒸汽型溴化锂吸收式冷（温）水机组，以及在产品设计选型时一般以产品标准中的等级为依据的情况，例如房间空气调节器，则按现行有关国家标准的能效等级来要求，并以产品标准规定的能效等级2级作为本条得分的依据，若在此之上再提高一级，可以得到更高的分值；没有能效标准规定的其他类型冷热源，则不参与评价。由于国家标准《热泵和冷水机组能效限定值及能效等级》GB 19577-2024于2025年2月1日实施，并替代《溴化锂吸收式冷水机组能效限定值及能效等级》GB 29540-2013，因此，在2025年2月1日之前，蒸汽型溴化锂吸收式冷（温）水机组按《溴化锂吸收式冷水机组能效限定值及能效等级》GB 29540-2013执行；在2025年2月1日之后，蒸汽型溴化锂吸收式冷（温）水机组按《热泵和冷水机组能效限定值及能效等级》GB 19577-2024执行。

《房间空气调节器能效限定值及能效等级》GB 21455-2019

4.1.2 热泵型房间空气调节器根据产品的实测全年能源消耗效率（APF）对产品能效分级，各能效等级实测全年能源消耗效率（APF）应不小于表1规定。

表1 热泵型房间空气调节器能效等级指标值

额定制冷量（CC） W	全年能源消耗效率（APF）				
	能效等级				
	1级	2级	3级	4级	5级
$CC \leqslant 4500$	5.00	4.50	4.00	3.50	3.30
$4500 < CC \leqslant 7100$	4.50	4.00	3.50	3.30	3.20
$7100 < CC \leqslant 14000$	4.20	3.70	3.30	3.20	3.10

4.1.3 单冷式房间空气调节器按实测制冷季节能源消耗效率（SEER）对产品进行能效分级，各能效等级实测制冷季节能源消耗效率（SEER）应不小于表2规定。

表2 单冷式房间空气调节器能效等级指标值

额定制冷量（CC） W	制冷季节能源消耗效率（SEER）				
	能效等级				
	1级	2级	3级	4级	5级
$CC \leqslant 4500$	5.80	5.40	5.00	3.90	3.70
$4500 < CC \leqslant 7100$	5.50	5.10	4.40	3.80	3.60
$7100 < CC \leqslant 14000$	5.20	4.70	4.00	3.70	3.50

《家用燃气快速热水器和燃气采暖热水炉能效限定值及能效等级》GB 20665-2015

4.2 能效等级

热水器和采暖炉能效等级分为3级,其中1级能效最高。各等级的热效率值不应低于表1的规定。表1中的η_1为热水器或采暖炉额定热负荷和部分热负荷(热水状态为50%的额定热负荷,采暖状态为30%的额定热负荷)下两个热效率值中的较大值,η_2为较小值。当η_1与η_2在同一等级界限范围内时判定该产品为相应的能效等级;如η_1与η_2不在同一等级界限范围内,则判定为较低的能效等级。

表1 热水器和采暖炉能效等级

类型			热效率值 η(%)		
			能效等级		
			1级	2级	3级
热水器		η_1	98	89	86
		η_2	94	85	82
采暖炉	热水	η_1	96	89	86
		η_2	92	85	82
	采暖	η_1	99	89	86
		η_2	95	85	82

《溴化锂吸收式冷水机组能效限定值及能效等级》GB 29540-2013

4.1.2 蒸汽型机组根据实测单位制冷量蒸汽耗量分级,各等级单位制冷量蒸汽耗量分级应不大于表1的规定。

表1 蒸汽型机组能效等级

能效等级		1级	2级	3级
单位冷量蒸汽耗量 [kg/(kW·h)]	饱和蒸汽 0.4MPa	1.12	1.19	1.40
	饱和蒸汽 0.6MPa	1.05	1.11	1.31
	饱和蒸汽 0.8MPa	1.02	1.09	1.28

《热泵和冷水机组能效限定值及能效等级》GB 19577-2024

4.2 各类热泵和冷水机组能效指标的实测值和标称值不应小于表1~表8中能效等级所对应的规定值。其中,蒸气压缩循环冷水(热泵)机组的能效等级指标采用双通道评价指标,选取综合部分负荷性能系数($IPLV$)(见表1)或性能系数(COP_c)(见表2)中的一个指标体系的能效值进行能效等级判定。

注:本文件提到的蒸气压缩循环冷水(热泵)机组、低环境温度空气源热泵(冷水)机组、水(地)源热泵机组、溴化锂吸收式冷(温)水机组、蒸气压缩循环高温热泵机组、间接蒸发冷却冷水机组和一体式冷水(热泵)机组的具体产品型式为表1~表8中提到的产品型式。

7 资源节约

表5 溴化锂吸收式冷（温）水机组能效等级指标

机组类型		能效等级		
产品标准	型式	1级	2级	3级
		单位制冷量加热源耗量 COP[a]	单位制冷量加热源耗量 COP[a]	单位制冷量加热源耗量 COP[a]
GB/T 18431	饱和蒸汽 0.4MPa	1.05	1.10	1.19
	饱和蒸汽 0.6MPa	1.02	1.05	1.11
	饱和蒸汽 0.8MPa	1.00	1.02	1.09
GB/T 18362	直燃型机组	1.46	1.40	1.30
注：[a] 执行 GB/T 18431 机组的能效指标为单位制冷量加热源耗量，执行 GB/T 18362 机组的能效指标为 COP。				

【具体评价方式】

本条适用于各类民用建筑的预评价、评价。对于城市市政热源，不对其热源机组能效进行评价。住宅用户自主购买的空调设备，本条不得分。

对于同时存在供暖、空调的项目，冷热源能效提升应同时满足表 7.2.5 的要求才能得分。区域能源中心涉及评分表格中的设备类型，需要参与评价。

预评价查阅暖通空调专业的设计说明、设备表等设计文件，重点审核冷、热源机组能效指标。

评价查阅预评价涉及内容的竣工文件，还查阅冷热源机组产品说明书、产品型式检验报告等，重点审核冷、热源机组能效指标。

7.2.6 采取有效措施降低供暖空调系统的末端系统及输配系统的能耗，评价总分值为 5 分，并按以下规则分别评分并累计：

1 通风空调系统风机的单位风量耗功率比现行国家标准《公共建筑节能设计标准》GB 50189 的规定低 20%，得 2 分；

2 集中供暖系统热水循环泵的耗电输热比、空调冷热水系统循环水泵的耗电输冷（热）比比现行国家标准《民用建筑供暖通风与空气调节设计规范》GB 50736 规定值低 20%，得 3 分。

【条文说明扩展】

第 1 款，依据基础是国家标准《公共建筑节能设计标准》GB 50189-2015 的规定。

《公共建筑节能设计标准》GB 50189-2015

4.3.22 空调风系统和通风系统的风量大于 10000m³/h 时，风道系统单位风量耗功率（W_s）不宜大于表 4.3.22 的数值。风道系统单位风量耗功率（W_s）应按下式计算：

$$W_s = P/(3600 \times \eta_{CD} \times \eta_F) \quad (4.3.22)$$

式中：W_s——风道系统单位风量耗功率 [W/(m³/h)]；
　　　P——空调机组的余压或通风系统风机的风压 (Pa)；
　　　η_{CD}——电机及传动效率 (%)，η_{CD} 取 0.855；
　　　η_F——风机效率 (%)，按设计图中标注的效率选择。

表4.3.22 风道系统单位风量耗功率 W_s [W/(m³/h)]

系统形式	W_s 限值
机械通风系统	0.27
新风系统	0.24
办公建筑定风量系统	0.27
办公建筑变风量系统	0.29
商业、酒店建筑全空气系统	0.30

第2款，依据基础是国家标准《民用建筑供暖通风与空气调节设计规范》GB 50736-2012 的规定。

《民用建筑供暖通风与空气调节设计规范》GB 50736-2012

8.5.12 在选配空调冷热水系统的循环水泵时，应计算循环水泵的耗电输冷（热）比 $EC(H)R$，并应标注在施工图的设计说明中。耗电输冷（热）比应符合下式要求：

$$EC(H)R = 0.003096\Sigma(G \cdot H/\eta_b)/\Sigma Q \leqslant A(B+\alpha\Sigma L)/\Delta T \quad (8.5.12)$$

式中：$EC(H)R$——循环水泵的耗电输冷（热）比；
　　　G——每台运行水泵的设计流量，m³/h；
　　　H——每台运行水泵对应的设计扬程，m；
　　　η_b——每台运行水泵对应设计工作点的效率；
　　　Q——设计冷（热）负荷，kW；
　　　ΔT——规定的计算供回水温差，按表8.5.12-1选取；
　　　A——与水泵流量有关的计算系数，按表8.5.12-2选取；
　　　B——与机房及用户的水阻力有关的计算系数，按表8.5.12-3选取；
　　　α——与 ΣL 有关的计算系数，按表8.5.12-4或表8.5.12-5选取；
　　　ΣL——从冷热机房至该系统最远用户的供回水管道的总输送长度，m；当管道设于大面积单层或多层建筑时，可按机房出口至最远端空调末端的管道长度减去100m确定。

表8.5.12-1 ΔT 值 (℃)

冷水系统	热水系统			
	严寒	寒冷	夏热冬冷	夏热冬暖
5	15	15	10	5

注：1 对空气源热泵、溴化锂机组、水源热泵等机组的热水供回水温差按机组实际参数确定；
　　2 对直接提供高温冷水的机组，冷水供回水温差按机组实际参数确定。

7 资源节约

表8.5.12-2 A值

设计水泵流量G	G≤60m³/h	60m³/h<G≤200m³/h	G>200m³/h
A值	0.004225	0.003858	0.003749

注：多台水泵并联运行时，流量按较大流量选取。

表8.5.12-3 B值

系统组成		四管制 单冷、单热管道	二管制 热水管道
一级泵	冷水系统	28	—
	热水系统	22	21
二级泵	冷水系统[1]	33	—
	热水系统[2]	27	25

注：1) 多级泵冷水系统，每增加一级泵，B值可增加5；
2) 多级泵热水系统，每增加一级泵，B值可增加4。

表8.5.12-4 四管制冷、热水管道系统的α值

系统	管道长度$\sum L$范围（m）		
	≤400	400<$\sum L$<1000	$\sum L$≥1000
冷水	$\alpha=0.02$	$\alpha=0.016+1.6/\sum L$	$\alpha=0.013+4.6/\sum L$
热水	$\alpha=0.014$	$\alpha=0.0125+0.6/\sum L$	$\alpha=0.009+4.1/\sum L$

表8.5.12-5 两管制热水管道系统的α值

系统	地区	管道长度$\sum L$范围（m）		
		≤400	400<$\sum L$<1000	$\sum L$≥1000
热水	严寒	$\alpha=0.009$	$\alpha=0.0072+0.72/\sum L$	$\alpha=0.0059+2.02/\sum L$
	寒冷	$\alpha=0.0024$	$\alpha=0.002+0.16/\sum L$	$\alpha=0.0016+0.56/\sum L$
	夏热冬冷			
	夏热冬暖	$\alpha=0.0032$	$\alpha=0.0026+0.24/\sum L$	$\alpha=0.0021+0.74/\sum L$

注：两管制冷水系统α计算式与表8.5.13-4 四管制冷水系统相同。

8.11.13 在选配集中供暖系统的循环水泵时，应计算循环水泵的耗电输热比(EHR)，并应标注在施工图的设计说明中。循环泵耗电输热比应下式要求：

$$EHR = 0.003096\sum(G \cdot H/\eta_b)/Q \leqslant A(B+\alpha\sum L)/\Delta T \quad (8.11.13)$$

式中：EHR——循环水泵的耗电输热比；

G——每台运行水泵的设计流量（m³/h）；

H——每台运行水泵对应的设计扬程（m水柱）；

η_b——每台运行水泵对应的设计工作点效率；

Q——设计热负荷（kW）；

ΔT——设计供回水温差（℃）；

A——与水泵流量有关的计算系数，按本规范表8.5.12-2选取；

B——与机房及用户的水阻力有关的计算系数，一级泵系统时$B=20.4$，二级泵系统时$B=24.4$；

$\sum L$——室外主干线（包括供回水管）总长度（m）；

α——与$\sum L$有关的计算系数；按如下选取或计算；

当$\sum L \leqslant 400m$时，$\alpha=0.0015$；

当$400m<\sum L<1000m$时，$\alpha=0.003833+3.067/\sum L$；

当$\sum L \geqslant 1000m$时，$\alpha=0.0069$。

【具体评价方式】

本条适用于各类民用建筑的预评价、评价。第 1 款，评价范围仅限风量大于 $10000m^3/h$ 的空调风系统和通风系统；采用分体空调和多联机空调（热泵）机组的，本款直接得分。对于设置新风机的项目，若新风机的风量大于 $10000m^3/h$ 时，新风机需参与评价。第 2 款，对于非集中供暖空调系统的项目，如分体空调、多联机空调（热泵）机组、单元式空气调节机等，本款直接得分。

预评价查阅暖通空调专业的设计说明、设备表、风系统图及水系统等设计文件施工图，风机的单位风量耗功率、空调冷热水系统的耗电输冷（热）比、集中供暖系统热水循环泵的耗电输热比计算书。

评价查阅预评价涉及内容的竣工文件，风机、水泵的产品型式检验报告，风机的单位风量耗功率、空调冷热水系统的耗电输冷（热）比、集中供暖系统热水循环泵的耗电输热比计算书。

7.2.7 采用节能型电气设备及节能控制措施，评价总分值为 10 分，并按下列规则分别评分并累计：

1 主要功能房间的照明功率密度值达到现行国家标准《建筑照明设计标准》GB/T 50034 规定的目标值，得 5 分；

2 采光区域的人工照明随天然光照度变化自动调节，得 2 分；

3 照明产品、电力变压器、水泵、风机等设备满足国家现行有关标准的能效等级 2 级要求，得 3 分。

【条文说明扩展】

第 1 款，照明功率密度目标值详见国家标准《建筑照明设计标准》GB/T 50034-2024 第 6 章。

《建筑照明设计标准》GB/T 50034-2024

6.3.1 住宅建筑每户照明功率密度限值宜符合表 6.3.1 的规定。

表 6.3.1 住宅建筑每户照明功率密度限值

房间或场所	照明功率密度限值（W/m²）	
	现行值	目标值
起居室	≤5.0	≤4.0
卧室		
餐厅		
厨房		
卫生间		

6.3.2 居住建筑公共机动车库照明功率密度限值的现行值应符合现行强制性工程建设规范《建筑节能与可再生能源利用通用规范》GB 55015 的规定，目标值应符合表 6.3.2 的规定。

表 6.3.2 居住建筑公共机动车库照明功率密度限值的目标值

房间或场所	照明功率密度限值的目标值（W/m²）
车道	≤1.4
车位	

6.3.3 宿舍建筑照明功率密度限值宜符合表 6.3.3 的规定。

表 6.3.3 宿舍建筑照明功率密度限值

房间或场所	照明功率密度限值（W/m²）	
	现行值	目标值
居室	≤5.0	≤4.0
卫生间		
公共厕所、盥洗室、浴室	≤5.0	≤3.5
公共活动室	≤8.0	≤6.5
公用厨房	≤5.0	≤4.0
走廊	≤3.5	≤2.5

6.3.4 图书馆建筑照明功率密度限值应符合表 6.3.4 的规定。

表 6.3.4 图书馆建筑照明功率密度限值

房间或场所	照明功率密度限值（W/m²）	
	现行值	目标值
普通阅览室、开放式阅览室	≤8.0	≤6.5
多媒体阅览室	≤8.0	≤6.5
老年阅览室	≤13.5	≤9.5
目录厅（室）、出纳厅	≤10.0	≤8.0

6.3.5 办公建筑和其他类型建筑中具有办公用途场所的照明功率密度限值的现行值应符合现行强制性工程建设规范《建筑节能与可再生能源利用通用规范》GB 55015 的规定，目标值应符合表 6.3.5 的规定。

表 6.3.5 办公建筑和其他类型建筑中具有办公用途场所照明功率密度限值的目标值

房间或场所	照明功率密度限值的目标值（W/m²）
普通办公室、会议室	≤6.5
高档办公室、设计室	≤9.5
服务大厅	≤8.0

6.3.6 商店建筑照明功率密度限值的现行值应符合现行强制性工程建设规范《建筑节能与可再生能源利用通用规范》GB 55015的规定，目标值应符合表6.3.6的规定。当一般商店营业厅、高档商店营业厅、专卖店营业厅需装设重点照明时，该营业厅的照明功率密度限值应增加5W/m²。

表6.3.6 商店建筑照明功率密度限值的目标值

房间或场所	照明功率密度限值的目标值（W/m²）
一般商店营业厅	≤7.0
高档商店营业厅	≤11.0
一般超市营业厅	≤8.0
高档超市营业厅	≤12.0
仓储式超市	≤8.0
专卖店营业厅	≤8.0

6.3.7 旅馆建筑照明功率密度限值的现行值应符合现行强制性工程建设规范《建筑节能与可再生能源利用通用规范》GB 55015的规定，目标值应符合表6.3.7的规定。

表6.3.7 旅馆建筑照明功率密度限值的目标值

房间或场所		照明功率密度限值的目标值（W/m²）
客房	一般活动区	≤4.5
	床头	
	卫生间	
中餐厅		≤6.0
西餐厅		≤4.0
多功能厅		≤9.5
客房层走廊		≤2.5
会议室		≤6.5
大堂		≤6.0

6.3.8 医疗建筑照明功率密度限值的现行值应符合现行强制性工程建设规范《建筑节能与可再生能源利用通用规范》GB 55015的规定，目标值应符合表6.3.8的规定。

表6.3.8 医疗建筑照明功率密度限值的目标值

房间或场所	照明功率密度限值的目标值（W/m²）
治疗室、诊室	≤6.5
化验室	≤9.5
候诊室、挂号厅	≤4.0
病房	≤4.0
护士站	≤6.5
走廊	≤3.0
药房	≤9.5

6.3.9 教育建筑照明功率密度限值的现行值应符合现行强制性工程建设规范《建筑节能与可再生能源利用通用规范》GB 55015 的规定，目标值应符合表 6.3.9 的规定。

表 6.3.9 教育建筑照明功率密度限值的目标值

房间或场所	照明功率密度限值的目标值（W/m²）
教室、阅览室	≤6.5
实验室	≤6.5
美术教室	≤9.5
多媒体教室	≤6.5
计算机教室、电子阅览室	≤9.5
学生宿舍	≤3.5

6.3.10 博览建筑照明功率密度限值应符合下列规定：
   1 美术馆建筑照明功率密度限值应符合表 6.3.10-1 的规定；
   2 科技馆建筑照明功率密度限值应符合表 6.3.10-2 的规定；
   3 博物馆建筑其他场所照明功率密度限值应符合表 6.3.10-3 的规定。

表 6.3.10-1 美术馆建筑照明功率密度限值

房间或场所	照明功率密度限值（W/m²）	
	现行值	目标值
会议报告厅	≤8.0	≤6.5
美术品售卖区	≤8.0	≤6.5
公共大厅	≤8.0	≤6.0
绘画展厅	≤4.5	≤3.5
雕塑展厅	≤5.5	≤4.0

表 6.3.10-2 科技馆建筑照明功率密度限值

房间或场所	照明功率密度限值（W/m²）	
	现行值	目标值
科普教室	≤8.0	≤6.5
会议报告厅	≤8.0	≤6.5
纪念品售卖区	≤8.0	≤6.5
儿童乐园	≤8.0	≤6.5
公共大厅	≤8.0	≤6.0
常设展厅	≤8.0	≤6.0

表6.3.10-3 博物馆建筑其他场所照明功率密度限值

房间或场所	照明功率密度限值（W/m²）	
	现行值	目标值
会议报告厅	≤8.0	≤6.5
美术制作室	≤13.5	≤9.5
编目室	≤8.0	≤6.5
藏品库房	≤3.5	≤2.5
藏品提看室	≤4.5	≤3.5

6.3.11 会展建筑照明功率密度限值的现行值应符合现行强制性工程建设规范《建筑节能与可再生能源利用通用规范》GB 55015的规定，目标值应符合表6.3.11的规定。

表6.3.11 会展建筑照明功率密度限值的目标值

房间或场所	照明功率密度限值的目标值（W/m²）
会议室、洽谈室	≤6.5
宴会厅、多功能厅	≤9.5
一般展厅	≤6.0
高档展厅	≤9.5

6.3.12 交通建筑照明功率密度限值的现行值应符合现行强制性工程建设规范《建筑节能与可再生能源利用通用规范》GB 55015的规定，目标值应符合表6.3.12的规定。

表6.3.12 交通建筑照明功率密度限值的目标值

房间或场所		照明功率密度限值的目标值（W/m²）
候车（机、船）室	普通	≤4.5
	高档	≤6.0
中央大厅、售票大厅		≤6.0
行李认领、到达大厅、出发大厅		≤6.0
地铁站厅	普通	≤3.5
	高档	≤6.0
地铁进出站门厅	普通	≤4.0
	高档	≤6.0

6.3.13 金融建筑照明功率密度限值的现行值应符合现行强制性工程建设规范《建筑节能与可再生能源利用通用规范》GB 55015的规定，目标值应符合表6.3.13的规定。

表6.3.13 金融建筑照明功率密度限值的目标值

房间或场所	照明功率密度限值的目标值（W/m²）
营业大厅	≤6.0
交易大厅	≤9.5

6.3.15 公共建筑和工业建筑非爆炸危险场所通用房间或场所照明功率密度限值的现行值应符合现行强制性工程建设规范《建筑节能与可再生能源利用通用规范》GB 55015 的规定，目标值应符合表6.3.15 的规定。

表6.3.15 公共建筑和工业建筑非爆炸危险场所通用房间或场所照明功率密度限值的目标值

房间或场所		照明功率密度限值的目标值（W/m²）
走廊	普通	≤1.5
	高档	≤2.5
厕所	普通	≤2.0
	高档	≤3.5
试验室	一般	≤6.5
	精细	≤9.5
检验	一般	≤6.5
	精细，有颜色要求	≤16.0
计量室、测量室		≤9.5
控制室	一般控制室	≤6.5
	主控制室	≤9.5
电话站、网络中心、计算机站		≤9.5
动力站	风机房、空调机房	≤2.5
	泵房	≤2.5
	冷冻站	≤3.5
	压缩空气站	≤3.5
	锅炉房、煤气站的操作层	≤3.5
仓库	大件库	≤1.5
	一般件库	≤2.5
	半成品库	≤3.5
	精细件库	≤4.5
公共机动车库	车道	≤1.4
	车位	
车辆加油站		≤3.5

6.3.16 当房间或场所的室形指数值等于或小于1时，其照明功率密度限值应进行修正，并应符合现行强制性工程建设规范《建筑节能与可再生能源利用通用规范》GB 55015 的规定。

7.2 评分项

6.3.17 当房间或场所的照度标准值提高或降低一级时，其照明功率密度限值应进行修正，并应符合现行强制性工程建设规范《建筑节能与可再生能源利用通用规范》GB 55015 的规定。

6.3.18 设有装饰性灯具场所，可将实际采用的装饰性灯具总功率的 50% 计入照明功率密度值的计算。

《建筑节能与可再生能源利用通用规范》GB 55015-2021

3.3.7 建筑照明功率密度应符合表 3.3.7-1～表 3.3.7-12 的规定；当房间或场所的室形指数值等于或小于 1 时，其照明功率密度限值可增加，但增加值不应超过限值的 20%；当房间或场所的照度标准值提高或降低一级时，其照明功率密度限值应按比例提高或折减。

第 2 款，采光区域人工照明的自动调节。

《建筑照明设计标准》GB/T 50034-2024

7.3.7 有条件的场所，宜采用下列照明控制措施：

1 可利用天然采光的场所，宜随天然光照度变化自动调节照度，地下车库宜按使用需求自动调节照度；

11 利用导光装置将天然光引入室内的场所，人工照明宜随天然光照度自动调节。

《民用建筑电气设计标准》GB 51348-2019

24.3.7 照明控制应符合下列规定：

1 应结合建筑使用情况及天然采光状况，进行分区、分组控制；

2 天然采光良好的场所，宜按该场所照度要求、营运时间等自动开关灯或调光。

第 3 款，相关产品能效等级 2 级（节能评价值）参见如下标准规定（表 7-2）。

表 7-2 我国已制定的照明及电气产品能效标准

序号	标准编号	标准名称
1	GB 17896	普通照明用气体放电灯用镇流器能效限定值及能效等级
2	GB 19044	普通照明用荧光灯能效限定值及能效等级
3	GB 19573	高压钠灯能效限定值及能效等级
4	GB 20054	金属卤化物灯能效限定值及能效等级
5	GB 30255	室内照明用 LED 产品能效限定值及能效等级
6	GB 38450	普通照明用 LED 平板灯能效限定值及能效等级
7	GB 31276	普通照明用卤钨灯能效限定值及节能评价值
8	GB 19761	通风机能效限定值及能效等级
9	GB 19762	清水离心泵能效限定值及节能评价值
10	GB 20052	电力变压器能效限定值及能效等级

7 资源节约

【具体评价方法】

本条适用于各类民用建筑的预评价、评价。

预评价查阅电气专业设计说明（包含照明设计要求、照明设计标准、照明控制措施等）、照明系统图、平面施工图、设备表等设计文件，照明功率密度计算分析报告。

评价查阅预评价涉及内容的竣工文件，还查阅照明功率密度计算分析报告及现场检测报告，产品检验报告。

7.2.8 采取措施降低建筑能耗，评价总分值为 10 分，并按下列规则评分：

  1 建筑设计能耗相比现行强制性工程建设规范《建筑节能与可再生能源利用通用规范》GB 55015 降低 5%，得 6 分；降低 10%，得 8 分；降低 15%，得 10 分。

  2 建筑运行阶段能耗相比国家现行有关建筑能耗标准降低 10%，得 6 分；降低 15%，得 8 分；降低 20%，得 10 分。

【条文说明扩展】

本条依据评价阶段分别给出了评分规则，各款同时设置了三档比例得分，使得得分条件相比本标准 2019 版更为灵活。

第 1 款，适用于预评价和投入使用未满 1 年的项目。建筑设计能耗应计算建筑供暖空调能耗和照明能耗（对于住宅建筑，照明能耗只考虑公共区域）。本款要求建筑设计能耗应与强制性工程建设规范《建筑节能与可再生能源利用通用规范》GB 55015-2021 进行比较，根据低于该规范要求的百分比进行得分判断。其中，设计建筑能耗应按照设计条件进行供暖空调能耗和照明能耗的计算，参照建筑能耗按照该规范附录 A 的平均能耗指标确定，或依据该规范要求（包括围护结构热工性能和供暖空调照明系统参数限值）以及该规范附录 C 规定的标准工况运行条件和计算方法模拟计算得到。节能率可按下式计算：

$$\varepsilon = \left(1 - \frac{设计建筑能耗}{参照建筑能耗}\right) \times 100\% \tag{7-1}$$

强制性工程建设规范《建筑节能与可再生能源利用通用规范》GB 55015-2021 未提及的建筑类型、系统形式或相关参数设置等，可按照现行行业标准《民用建筑绿色性能计算标准》JGJ/T 449 进行供暖空调系统能耗和照明能耗的计算。其中：

（1）供暖空调系统能耗计算应满足行业标准《民用建筑绿色性能计算标准》JGJ/T 449-2018 第 5.3.2、5.3.3、5.3.4、5.3.5、5.3.6、5.3.7 条的规定。

（2）照明系统能耗计算应满足行业标准《民用建筑绿色性能计算标准》JGJ/T 449-2018 第 5.3.3、5.3.9 条的要求。

计算所得的能耗量应折算成一次能耗量，不同能源种类之间的转换按行业标准《建筑能耗数据分类及表示方法》JG/T 358-2012 中规定的发电煤耗法换算系数确定，如表 7-3 所示，也可按国家标准《民用建筑能耗分类及表示方法》GB/T 34913-2017 折算为电力。

7.2 评分项

表7-3 主要能源按电热当量法、发电煤耗法和等效电法的换算系数

能源种类	实物量	电热当量法换算		发电煤耗法换算		等效电法换算		备注（计算等效电采用的温度）
		kWh$_{CV}$	MJ$_{CV}$	kgce$_{CE}$	MJ$_{CE}$	kWh$_{EE}$	MJ$_{EE}$	
电力	1kWh	1.000	3.600	0.320[b]	9.367[b]	1.000	3.600	—
天然气	1m³	10.81	38.93	1.330	38.93	7.131	25.67	燃烧温度1500℃ 环境温度0℃
原油	1kg	11.62	41.82	1.429	41.82	7.659	27.57	燃烧温度1500℃ 环境温度0℃
汽油	1kg	11.96	43.07	1.474	43.07	7.889	28.40	燃烧温度1500℃ 环境温度0℃
柴油	1kg	11.85	42.65	1.457	42.65	7.812	28.12	燃烧温度1500℃ 环境温度0℃
原煤	1kg	5.808	20.91	0.7143	20.91	2.928	10.54	燃烧温度700℃ 环境温度0℃
洗精煤	1kg	7.317	26.34	0.9000	26.34	3.689	13.28	燃烧温度700℃ 环境温度0℃
热水 (95℃/70℃)	1MJ	0.2778	1.000	0.03416	1.000	0.06435	0.2317	环境温度0℃
热水 (50℃/40℃)	1MJ	0.2778	1.000	0.03416	1.000	0.03927	0.1414	环境温度0℃
饱和蒸汽 (1.0MPa)	1MJ	0.2778	1.000	0.03416	1.000	0.09778	0.3520	环境温度0℃
饱和蒸汽 (0.4MPa)	1MJ	0.2778	1.000	0.03416	1.000	0.08667	0.3120	环境温度0℃
饱和蒸汽 (0.3MPa)	1MJ	0.2778	1.000	0.03416	1.000	0.08306	0.2990	环境温度0℃
冷冻水 (7℃/12℃)	1MJ	0.2778	1.000	0.03416	1.000	0.02015	0.07256	环境温度30℃

其他注意事项：

（1）集中空调系统：参照系统的设计新风量、冷热源、输配系统设备能效比等均应严格按照建筑节能标准选取，不应盲目提高新风量设计标准，不考虑风机、水泵变频、新风热回收、冷却塔免费供冷等节能措施。即便设计方案的新风量标准高于国家、行业或地方标准，参考建筑的新风量设计标准也不得高于国家、行业或地方标准。参照系统不考虑新风比增加等措施。

（2）采用分散式房间空调器进行空调和供暖时，参照系统选用符合国家标准《房间空气调节器能效限定值及能效等级》GB 21455-2019中规定的第3级产品。

（3）对于新风热回收系统，热回收装置机组名义测试工况下的热回收效率，全热焓交换效率制冷不低于50%，制热不低于55%，显热温度交换效率制冷不低于60%，制热不

7 资源节约

低于65%。需要考虑新风热回收耗电，热回收装置的性能系数（COP值）大于5（COP值为回收的热量与附加的风机耗电量比值），超过5以上的部分为热回收系统的节能值。

（4）对于设计方案采用低谷电蓄冷（蓄热）方案的，不应比较全年能耗费用。

（5）对于没有设置空调供暖系统的住宅建筑，只需计算其公共区域照明系统能耗。

第2款，对于投入使用满1年的项目，本款要求将建筑运行能耗与国家标准《民用建筑能耗标准》GB/T 51161-2016规定的约束值进行比较，根据建筑运行能耗低于约束值的百分比进行节能率得分判断。建筑运行能耗包括维持建筑环境的用能（如供暖、制冷、通风、空调和照明等）和各类建筑内活动（如办公、家电、电梯、生活热水等）的用能。

国家标准《民用建筑能耗标准》GB/T 51161-2016给出了不同气候区居住建筑、办公建筑、旅馆建筑、商场建筑实际运行的能耗指标，并将严寒地区和寒冷地区民用建筑能耗划分为居住建筑非供暖能耗、公共建筑非供暖能耗、建筑供暖能耗，其他气候区民用建筑能耗划分为居住建筑非供暖能耗和公共建筑非供暖能耗。各部分能耗指标的约束值，参见该标准第4.2.1、5.2.1、5.2.2、5.2.3、5.2.4、5.2.5、6.2.1条。

（1）对于严寒和寒冷地区（集中供暖区），需要计算建筑供暖能耗和非供暖能耗总和，再进行节能率得分判断。对于建筑实际供暖能耗，集中供热方式的按照该标准第6.2.2条确定，分户或分栋供暖方式的按照该标准第6.2.3条确定。

（2）对于其他气候地区（非集中供暖区），计算建筑非供暖能耗（实际包含了不易分割的供暖能耗在内）的节能率来进行判定。

当建筑运行后实际人数、小时数等参数和国家标准《民用建筑能耗标准》GB/T 51161-2016的规定值不同时，可对建筑实际能耗进行修正。对于居住建筑的非供暖实际能耗的修正值，按照该标准第4.3.1条确定；对于公共建筑非供暖能耗实际能耗的修正值，按照该标准第5.3.1～5.3.5条确定；对于采用蓄冷系统的公共建筑非供暖实际能耗的修正值，按照该标准第5.3.5条确定。

此外，还应符合该标准第5.2.5条的规定，即同一建筑中包括办公、旅馆、商场、停车库等的综合性公共建筑，其能耗指标约束值和引导值，应按国家标准《民用建筑能耗标准》GB/T 51161-2016表5.2.1～表5.2.4所规定的各功能类型建筑能耗指标的约束值和引导值与对应功能建筑面积比例进行加权平均计算确定。

需要注意的是，由于经济水平提升以及气候变化影响，在严寒和寒冷地区以外的其他气候区，尤其是夏热冬冷地区以及温和地区，人们对于冬季供暖的需求也在逐渐增长和提高，导致这些区域冬季供暖能耗也不容忽视。目前国家标准《民用建筑能耗标准》GB/T 51161-2016尚未给出这些区域的冬季供暖能耗指标，若有相关行业地方标准可参考执行。此外，对于国家标准《民用建筑能耗标准》GB/T 51161-2016不涉及的建筑类型，参考相关行业内同类型建筑能耗标准。

> 《建筑节能与可再生能源利用通用规范》GB 55015-2021
>
> A.0.1 标准工况下，各类新建居住建筑供暖与供冷平均能耗指标应符合表A.0.1的规定。

表 A.0.1 各类新建居住建筑平均能耗指标

热工区划		供暖耗热量 [MJ/(m²·a)]	供暖耗电量 [kWh/(m²·a)]	供冷耗电量 [kWh/(m²·a)]
严寒	A区	223	—	—
	B区	178	—	—
	C区	138	—	—
寒冷	A区	82	—	—
	B区	67	—	7.1
夏热冬冷	A区	—	6.9	10.0
	B区	—	3.3	12.5
夏热冬暖	A区	—	2.2	14.1
	B区	—	—	23.0
温和	A区	—	4.4	—
	B区	—	—	—

注：标准工况为按本规范附录C规定的运行工况和计算方法进行模拟计算的工况。

A.0.2 标准工况下，各类新建公共建筑供暖、供冷与照明平均能耗指标应符合表A.0.2的规定。

表 A.0.2 各类新建公共建筑供暖、供冷与照明平均能耗指标 [kWh/(m²·a)]

热工区划		建筑面积<20000m²的办公建筑	建筑面积≥20000m²的办公建筑	建筑面积<20000m²的旅馆建筑	建筑面积≥20000m²的旅馆建筑	商业建筑	医院建筑	学校建筑
严寒	A、B区	59	59	87	87	118	181	32
	C区	50	53	81	74	95	164	29
寒冷地区		39	50	75	68	95	158	28
夏热冬冷地区		36	53	78	70	106	142	28
夏热冬暖地区		34	58	95	94	148	146	31
温和地区		25	40	55	60	70	90	25

注：标准工况为按本规范附录C规定的运行和计算方法进行模拟计算的工况。

《民用建筑能耗标准》GB/T 51161-2016

2.0.1 建筑能耗

建筑使用过程中由外部输入的能源，包括维持建筑环境的用能（如供暖、制冷、通风、空调和照明等）和各类建筑内活动（如办公、家电、电梯、生活热水等）的用能。

3.0.3 严寒和寒冷地区建筑供暖能耗应以一个完整的法定供暖期内供暖系统所消耗的累积能耗计。居住建筑与公共建筑的非供暖能耗应以一个完整的日历年或连续12个日历月的累积能耗计。

> 3.0.4 建筑能耗指标实测值应包括建筑运行中使用的由建筑外部提供的全部电力、燃气和其他化石能源,以及由集中供热、集中供冷系统向建筑提供的热量和冷量,并应符合下列规定:
> 　　1 通过建筑的配电系统向各类电动交通工具提供的电力,应从建筑实测能耗中扣除;
> 　　2 应政府要求,用于建筑外景照明的用电,应从建筑实测能耗中扣除;
> 　　3 安装在建筑上的太阳能光电、光热装置和风电装置向建筑提供的能源不应计入建筑实测能耗中。

【具体评价方式】
　　本条适用于各类民用建筑的预评价、评价。
　　预评价查阅暖通空调、电气、内装等专业的施工图设计说明等设计文件,暖通空调能耗模拟计算书,照明能耗模拟计算书。
　　评价查阅预评价涉及内容的竣工文件,暖通空调能耗模拟计算书,照明能耗模拟计算书。投入使用满1年的项目,尚应查阅运行能耗数据、节能率计算报告、电耗账单等相关证明文件。

7.2.9 结合当地气候和自然资源条件合理利用可再生能源,评价总分值为15分,可再生能源利用率达到10%,得15分;可再生能源利用率不足10%时,按线性内插法计算得分。

【条文说明扩展】
　　本条依据基础是现行国家标准《近零能耗建筑技术标准》GB/T 51350 的规定,可再生能源利用量包含供暖系统、供冷系统、生活热水系统中的可再生能源利用量。供暖系统中的可再生能源利用量,包含地源热泵供暖系统、空气源热泵系统、太阳能热水供暖系统和生物质供暖系统的可再生能源利用量;生活热水系统中可再生能源利用量,包含地源热泵生活热水系统、空气源热泵生活热水系统、太阳能生活热水系统和生物质生活热水系统的可再生能源利用量;供冷系统的可再生能源利用量,包含太阳能供冷系统的可再生能源利用量。具体可再生能源利用量的计算可参照现行国家标准《近零能耗建筑技术标准》GB/T 5135。

> 《近零能耗建筑技术标准》GB/T 51350-2019
> 　　2.0.10 可再生能源利用率
> 　　供暖、通风、空调、照明、生活热水、电梯系统中可再生能源利用量占其能量需求量的比例。
> 　　附录A 能效指标计算方法
> 　　A.1.7 可再生能源利用率应按下式计算:
> $$REP_P = \frac{EP_h + EP_c + EP_w + \Sigma E_{r,i} \times f_i + \Sigma E_{rd,i} \times f_i}{Q_h + Q_c + Q_w + E_l \times f_i + E_e \times f_i} \quad (A.1.7)$$

式中：REP_p——可再生能源利用率，%；

EP_h——供暖系统中可再生能源利用量，kWh；

EP_c——供冷系统中可再生能源利用量，kWh；

EP_w——生活热水系统中可再生能源利用量，kWh；

$E_{r,i}$——年本体产生的 i 类型可再生能源发电量，kWh；

$E_{rd,i}$——年周边产生的 i 类型可再生能源发电量，kWh；

f_i—— i 类型能源的能源换算系数，按表 A.1.11 选取；

Q_h——年供暖耗热量，kWh；

Q_c——年供冷耗冷量，kWh；

Q_w——年生活热水耗热量，kWh；

E_l——年照明系统能源消耗，kWh；

E_e——年电梯系统能源消耗，kWh。

A.1.8 供暖系统中可再生能源利用量应按下列公式计算：

$$EP_h = EP_{h,geo} + EP_{h,air} + EP_{h,sol} + EP_{h,bio} \quad (A.1.8-1)$$

$$EP_{h,geo} = Q_{h,geo} - E_{h,geo} \quad (A.1.8-2)$$

$$EP_{h,air} = Q_{h,air} - E_{h,air} \quad (A.1.8-3)$$

$$EP_{h,sol} = Q_{h,sol} \quad (A.1.8-4)$$

$$EP_{h,bio} = Q_{h,bio} \quad (A.1.8-5)$$

式中：$EP_{h,geo}$——地源热泵供暖系统的年可再生能源利用量，kWh；

$EP_{h,air}$——空气源热泵供暖系统的年可再生能源利用量，kWh；

$EP_{h,sol}$——太阳能热水供暖系统的年可再生能源利用量，kWh；

$EP_{h,bio}$——生物质供暖系统的年可再生能源利用量，kWh；

$Q_{h,geo}$——地源热泵系统的年供暖供热量，kWh；

$Q_{h,air}$——空气源热泵系统的年供暖供热量，kWh；

$Q_{h,sol}$——太阳能系统的年供暖供热量，kWh；

$Q_{h,bio}$——生物质供暖系统的年供暖供热量，kWh；

$E_{h,geo}$——地源热泵机组年供暖耗电量，kWh；

$E_{h,air}$——空气源热泵机组年供暖耗电量，kWh。

A.1.9 生活热水系统中可再生能源利用量应按下列公式计算：

$$EP_w = EP_{w,geo} + EP_{w,air} + EP_{w,sol} + EP_{w,bio} \quad (A.1.9-1)$$

$$EP_{w,geo} = Q_{w,geo} - E_{w,geo} \quad (A.1.9-2)$$

$$EP_{w,air} = Q_{w,air} - E_{w,air} \quad (A.1.9-3)$$

$$EP_{w,sol} = Q_{w,sol} \quad (A.1.9-4)$$

$$EP_{w,bio} = Q_{w,bio} \quad (A.1.9-5)$$

式中：$EP_{w,geo}$——地源热泵生活热水系统的年可再生能源利用量，kWh；
　　　$EP_{w,air}$——空气源热泵生活热水系统的年可再生能源利用量，kWh；
　　　$EP_{w,sol}$——太阳能生活热水系统的年可再生能源利用量，kWh；
　　　$EP_{w,bio}$——生物质生活热水系统的年可再生能源利用量，kWh；
　　　$Q_{w,geo}$——地源热泵系统的年生活热水供热量，kWh；
　　　$Q_{w,air}$——空气源热泵系统的年生活热水供热量，kWh；
　　　$Q_{w,sol}$——太阳能系统的年生活热水供热量，kWh；
　　　$Q_{w,bio}$——生物质生活热水系统的年生活热水供热量，kWh；
　　　$E_{w,geo}$——地源热泵机组供生活热水年耗电量，kWh；
　　　$E_{w,air}$——空气源热泵机组供生活热水年耗电量，kWh。

A.1.10 供冷系统中可再生能源利用量应按下列公式计算：

$$EP_c = EP_{c,sol} \qquad (A.1.10-1)$$

$$EP_{c,sol} = Q_{c,sol} \qquad (A.1.10-2)$$

式中：$EP_{c,sol}$——太阳能供冷系统的年可再生能源利用量，kWh；
　　　$Q_{c,sol}$——太阳能供冷系统的年供冷量，kWh。

A.1.11 能源换算系数应符合表 A.1.11 的规定。

表 A.1.11 能源换算系数

能源类型	换算单位	能源换算系数
标准煤	kWh/kgce终端	8.14
天然气	kWh/m³终端	9.85
热力	kWh/kWh终端	1.22
电力	kWh/kWh终端	2.6
生物质能	kWh/kWh终端	0.20
电力（光伏、风力等可再生能源发电）	kWh/kWh终端	2.6

【具体评价方式】

本条适用于各类民用建筑的预评价、评价。本条采用热值法（也称为能量当量法）将建筑所有能源统一转换为一次能源进行比较，国家标准《近零能耗建筑技术标准》GB/T 51350-2019 中的 A.1.11 给出的各种能源的换算系数，应注意表中换算单位的分子 kWh 是热量单位，而非电量单位。

可再生能源利用率计算公式中分子为建筑实际利用的可再生能源量。比如生物质锅炉，其可再生能源利用量应是生物质锅炉提供给建筑的有效供热量，而不是生物质锅炉消耗的生物质燃料的热量。同样，太阳能供热或供冷量也是指其有效供热或供冷量，而不是太阳能集热器的集热量。此外，还需要注意，本条仅考核供暖、供冷、生活热水、照明、电梯这五类建筑用能中的可再生能源利用率，并不是建筑全部用能，未包含炊事、插座等用能。在设计阶段预评价时，建筑供暖、供冷、生活热水系统中的可再生能源利用量按照现行国家标准《近零能耗建筑技术标准》GB/T 51350 进行分析，可再生能源利用率公式

7.2 评 分 项

中涉及的照明系统、电梯系统能源按照建筑设计情况，考虑运行时间表进行估算。在运行阶段评价时，应根据能耗监测系统获得的实际运行使用数据进行计算分析，如果项目没有设置分类分级的能耗监测系统，未剔除炊事、插座等能耗会导致计算结果偏小。

本条得分计算方式为 $R\geqslant10\%$ 时，得 15 分。$R<10\%$ 时按线性内插法计算得分，即：得分$=1.5\times R\times100$ 四舍五入取整数。例如，当 $R=1.5\%$ 时，得分$=1.5\times1.5$ 四舍五入取整数$=2$ 分。

预评价查阅相关可再生能源工程设计文件、建筑能耗模拟报告、可再生能源利用率计算分析报告等。

评价查阅相关可再生能源工程竣工图、验收记录、能耗分项计量监测结果、可再生能源利用率计算分析报告，产品型式检验报告。

Ⅲ 节水与水资源利用

7.2.10 使用较高水效等级的卫生器具，评价总分值为 15 分，并按下列规则评分：

1 全部卫生器具的水效等级达到 2 级，得 8 分。
2 50%以上卫生器具的水效等级达到 1 级且其他达到 2 级，得 12 分。
3 全部卫生器具的水效等级达到 1 级，得 15 分。

【条文说明扩展】

绿色建筑鼓励选用更高节水性能的节水器具。目前，我国已对大部分用水器具的水效限定值和水效等级制定了标准。

《水嘴水效限定值及水效等级》GB 25501-2019

4.3.2 按 5.1、5.2 进行测试，各等级水嘴的流量应符合表 1 的规定。

表 1 水嘴水效等级指标　　　　　　　　　单位为升每分

类别	流量		
	1 级	2 级	3 级
洗面器水嘴 厨房水嘴 妇洗器水嘴	≤4.5	≤6.0	≤7.5
普通洗涤水嘴	≤6.0	≤7.5	≤9.0

《坐便器水效限定值及水效等级》GB 25502-2017

4.2.2 各等级坐便器的用水量应符合表 1 的规定。

表 1 坐便器水效等级指标　　　　　　　　　单位为升

坐便器水效等级	1 级	2 级	3 级
坐便器平均用水量	≤4.0	≤5.0	≤6.4
双冲坐便器全冲用水量	≤5.0	≤6.0	≤8.0

注：每个水效等级中双冲坐便器的半冲平均用水量不大于其全冲用水量最大限定值的 70%。

7 资源节约

《小便器水效限定值及水效等级》GB 28377-2019

4 小便器水效等级

小便器水效等级分为3级，其中3级水效最低。各等级小便器的平均用水量应符合表1的规定。

表1 小便器水效等级指标 单位为升

小便器水效等级	1级	2级	3级
小便器平均用水量	≤0.5	≤1.5	≤2.5

《淋浴器水效限定值及水效等级》GB 28378-2019

4.2 各等级淋浴器水效等级应符合表1的规定。

表1 淋浴器水效等级指标 单位为升每分

类别	流量		
	1级	2级	3级
手持式花洒	≤4.5	≤6.0	≤7.5
固定式花洒			≤9.0

《便器冲洗阀水效限定值及水效等级》GB 28379-2022

4 便器冲洗阀水效等级

冲洗阀的水效等级分为3级，其中1级水效最高，各等级冲洗阀的冲洗用水量应符合表1的规定。

表1 便器冲洗阀水效等级指标值 单位为升

水效等级	1级	2级	3级
单冲式蹲便器冲洗阀平均用水量	≤5.0	≤6.0	≤8.0
双冲式蹲便器冲洗阀平均用水量	≤4.8	≤5.6	≤6.4
双冲式蹲便器冲洗阀全冲用水量	≤6.0	≤7.0	≤8.0
小便器冲洗阀平均用水量	≤0.5	≤1.5	≤2.5
每个水效等级中双冲式蹲便器的半冲平均用水量应不大于其全冲用水量最大限定值的70%			

《蹲便器水效限定值及水效等级》GB 30717-2019

3.2 各等级蹲便器的用水量应符合表1的规定。

表1 蹲便器水效等级指标 单位为升

蹲便器水效等级		1级	2级	3级
蹲便器平均用水量	单冲式	≤5.0	≤6.0	≤8.0
	双冲式	≤4.8	≤5.6	≤6.4
双冲式蹲便器全冲用水量		≤6.0	≤7.0	≤8.0

当存在不同水效等级的卫生器具时，按满足最低等级的要求得分。有水效相关标准的卫生器具全部采用达到相应用水效等级的产品时，方可认定第 1 款或第 3 款得分；有水效相关标准的卫生器具中，50%以上数量的器具采用达到水效等级 1 级的产品且其他达到 2 级时，方可认定第 2 款得分。今后当其他用水器具出台了相应标准时，按同样的原则进行要求。

【具体评价方式】

本条适用于各类民用建筑的预评价、评价。

预评价查阅包含卫生器具节水性能和参数要求的给水排水施工图说明、主要设备材料表等设计文件、包含节水性能参数的节水器具产品说明书、卫生器具水效达到相关等级的数量比例计算书。

评价查阅预评价涉及内容的竣工文件、节水器具产品说明书、产品节水性能检测报告、产品采购合同、卫生器具水效达到相关等级的数量比例计算书。

7.2.11 绿化灌溉及空调冷却水系统采用节水设备或技术，评价总分值为 12 分，并按下列规则分别评分并累计：

1 绿化灌溉在节水灌溉的基础上采用节水技术，并按下列规则评分：
　　1）设置土壤湿度感应器、雨天自动关闭装置等节水控制措施，得 6 分。
　　2）50%以上的绿地种植无须永久灌溉植物，且不设永久灌溉设施，得 6 分。

2 空调冷却水系统采用节水设备或技术，并按下列规则评分：
　　1）循环冷却水系统采取设置水处理措施、加大集水盘、设置平衡管或平衡水箱等方式，避免冷却水泵停泵时冷却水溢出，得 3 分。
　　2）采用无蒸发耗水量的冷却技术，得 6 分。

【条文说明扩展】

第 1 款第 1 项，强制性工程建设规范《建筑给水排水与节水通用规范》GB 55020-2021 第 3.4.8 条规定"绿化浇洒应采用高效节水灌溉方式"。在满足上述要求的基础上，采用节水控制技术，本项方可得分。采用节水灌溉方式的绿化面积不足总绿化面积的 90%，或者采用快速取水阀结合移动喷灌头作为灌溉方式的绿化面积超过总绿化面积的 10%时，本条不得分。

第 1 款第 2 项，无须永久灌溉植物是指适应当地气候，仅依靠自然降雨即可维持良好的生长状态的植物，或在干旱时体内水分丧失，全株呈风干状态而不死亡的植物。无须永久灌溉植物仅在生根时需进行人工灌溉，因而不需设置永久的灌溉系统，但临时灌溉系统应在安装后一年之内移走。当选用无须永久灌溉植物时，设计文件中应提供植物配置表，并说明是否属无须永久灌溉植物，申报方应提供当地植物名录，说明所选植物的耐旱性能。当 50%以上的绿化面积种植了无须永久灌溉植物，且不设永久灌溉设施，同时其余部分绿化采用了节水灌溉方式时，可判定按"种植无须永久灌溉植物"得分。

第 2 款第 1 项，开式循环冷却水系统或闭式冷却塔的喷淋水系统可设置水处理装置和化学加药装置改善水质，减少排污耗水量；可采取加大集水盘、设置平衡管或平衡水箱等

7 资源节约

方式，相对加大冷却塔集水盘浮球阀至溢流口段的容积，避免停泵时的泄水和启泵时的补水浪费。

第2款第2项，本项中的"无蒸发耗水量的冷却技术"包括采用分体空调、风冷式冷水机组、风冷式多联机、地源热泵、干式运行的闭式冷却塔等。鉴于气候条件和建筑运行需求限制，某些建筑单独设置地源热泵系统难以实现全年冷热平衡，也可采用辅助冷却塔，考虑到使用时间较短，仍可按"无蒸发耗水量的冷却技术"评分。由于风冷方式制冷机组的COP通常较水冷方式的制冷机组低，所以需要综合评价工程所在地的水资源和电力资源情况，有条件时宜优先考虑风冷方式排出空调冷凝热。

【具体评价方式】

本条适用于各类民用建筑的预评价、评价。不设置空调设备或系统的项目，第2款可直接得分。

预评价，第1款查阅绿化灌溉系统设计说明、灌溉给水平面图、灌溉系统电气控制原理图、节水灌溉设备材料表等设计文件，节水灌溉设备产品说明书；按"种植无须永久灌溉植物"申报时，还应查阅植物配置表、当地植物名录、所选植物耐旱性能说明。第2款查阅包含冷却节水措施说明的空调冷却水系统设计说明、空调冷却水系统施工图、相关设备材料表等设计文件，相关产品说明书。

评价查阅预评价涉及内容的竣工文件，还查阅灌溉给水和电气控制竣工图、相关节水产品的说明书、空调冷却水水处理设备产品说明书、产品节水性能检测报告等。

7.2.12 结合雨水综合利用设施营造室外景观水体，室外景观水体利用雨水的补水量大于水体蒸发量的60%，且采用保障水体水质的生态水处理技术，评价总分值为8分，并按下列规则分别评分并累计：

1 对进入室外景观水体的雨水，利用生态设施削减径流污染，得4分；

2 利用水生动、植物保障室外景观水体水质，得4分。

【条文说明扩展】

强制性工程建设规范《建筑给水排水与节水通用规范》GB 55020-2021中第3.4.3条规定"非亲水性的室外景观水体用水水源不得采用市政自来水和地下井水"。室外景观水体的补水应充分利用场地的雨水资源，不足时再考虑其他非传统水源的使用。而缺水地区和降雨量少的地区，应谨慎考虑设置景观水体。

室外景观水体设计时需要做好景观水体补水量和水体蒸发量的水量平衡，应在景观专项设计前落实项目所在地逐月降雨量、水面蒸发量等必需的基础气象资料数据，编制全年逐月水量计算表，对可用雨水量和景观水体所需补水量进行全年逐月水平衡分析。在雨季和旱季降雨水差异较大时，可以通过水位或水面面积的变化来调节补水量的富余和不足，如可设计旱溪或干塘等来适应降雨量的季节性变化。

景观水体的补水管应单独设置水表，不得与绿化用水、道路冲洗用水合用水表。

景观水体的水质根据水景补水水源和功能性质不同，应不低于现行国家标准的相关要求，具体水质标准详见第5.2.3条内容。

对于旱喷等全身接触、娱乐性水景等水质要求高的用水，可采用生态设施对雨水进行预处理,再进行人工深度处理,保证满足第 5.2.3 条规定的相应水景补水水质标准,本条相应款方可得分。

第 1 款,对进入景观水体的雨水应采用生态水处理措施,应将屋面和道路雨水断接进入绿地,经绿地、植草沟等处理后再进入景观水体,充分利用植物和土壤渗滤作用削减径流污染,在雨水进入景观水体之前还可设置前置塘、植物缓冲带等生态处理设施。采用生物处理工艺的水处理设备不属于生态水处理设施范畴。

第 2 款,景观水体的水质保障可以通过采用非硬质池底及生态驳岸,形成有利于水生动植物生长的自然生态环境,为水生动植物提供栖息条件,向水体投放水生动植物(尽可能采用本地物种,避免物种入侵),通过水生动植物对水体进行净化;必要时可采取其他辅助手段对水体进行净化,保障水体水质安全。

【具体评价方式】

本条适用于各类民用建筑的预评价、评价。未设室外景观水体的项目,本条可直接得分。室外景观水体的补水没有利用雨水或雨水利用量不满足要求时,本条不得分。

预评价查阅室外给水排水设计说明、室外雨水平面图、雨水利用设施工艺图或详图等室外给水排水设计文件,室外总平面竖向图、场地铺装平面图、种植图(含水生动植物配置要求)、雨水生态处理设施详图、水景详图等景观设计文件,水景补水水量平衡计算书。

评价查阅预评价方式涉及的竣工文件,水景补水水量平衡计算书。已投入使用的项目,尚应查阅景观水体补水用水计量记录、景观水体水质检测报告等。

7.2.13 使用非传统水源,评价总分值为 15 分,并按下列规则分别评分并累计:

1 绿化灌溉、车库及道路冲洗、洗车用水采用非传统水源的用水量占其总用水量的比例不低于 40%,得 3 分;不低于 60%,得 5 分;

2 冲厕采用非传统水源的用水量占其总用水量的比例不低于 30%,得 3 分;不低于 50%,得 5 分;

3 冷却水补水采用非传统水源的用水量占其总用水量的比例不低于 20%,得 3 分;不低于 40%,得 5 分。

【条文说明扩展】

"采用非传统水源的用水量占其总用水量的比例"指项目某部分杂用水采用非传统水源的用水量占该部分杂用水总用水量的比例,且非传统水源用水量、总用水量均为年用水量。设计阶段的年用水量由设计平均日用水量和用水时间计算得出。设计平均日用水量应根据节水用水定额和设计用水单元数量计算得出,节水用水定额取值详见现行国家标准《民用建筑节水设计标准》GB 50555。

非传统水源的选择与利用方案应通过经济技术比较确定:

第 1 款,雨水作为一种可以利用的水资源,具有时间分布不均匀和原水水质相对较优的特点,适合于间歇性利用或季节性利用,比如用于绿化灌溉、车库及道路冲洗、洗车用水、景观水体补水、冷却水补水等用途。项目设计有雨水调蓄池时,可在调蓄容积上增加雨水回用容积作为杂用水水源使用。绿化灌溉用水采用非传统水源时,应符合现行国家标准《城市污水再生利用 绿地灌溉水质》GB/T 25499的规定；车库及道路冲洗、洗车用水采用非传统水源时，应符合现行国家标准《城市污水再生利用 城市杂用水水质》GB/T 18920的规定。

当雨水回用系统与雨水调蓄系统合用蓄水设施时，蓄水设施需要在同一时间兼顾雨水回用与调蓄功能时，需要考虑二者所需容积的叠加。应根据项目所在地降雨气象资料和雨水回用需求，通过水量平衡分析，确定调蓄和回用的蓄水容积分配及排空方案，设计雨水调蓄所需的排水设施（12小时排空）和季节性水位控制策略，并应制定相应的运行管理规定和操作手册等，在不影响发挥雨水调蓄功能的前提下，满足雨水回用系统的储水需求。

第2款，中水和全年降水比较均衡地区的雨水适合于全年利用，比如冲厕等用途。冲厕采用非传统水源时，应符合现行国家标准《城市污水再生利用 城市杂用水水质》GB/T 18920的规定。

第3款，全年来看，冷却水用水时段与我国大多数地区的降雨高峰时段基本一致，因此收集雨水处理后用于冷却水补水，从水量平衡上容易达到吻合。使用非传统水源替代自来水作为冷却水补水水源时，其水质指标应满足现行国家标准《采暖空调系统水质》GB/T 29044中规定的空调冷却水的水质要求。

【具体评价方式】

本条适用于各类民用建筑的预评价、评价。项目设计采用市政再生水，但市政再生水仅为规划、未同期建设、未投入使用时，本条不得分；项目按自建中水设计，建筑中水或雨水回用系统未配套建设时，本条不得分。项目的空调系统由申报范围外的集中能源站提供冷源时，若能源站设有冷却补水系统，但未利用非传统水源作为冷却水补水或利用率不满足第3款要求时，第3款不得分。项目无冷却塔补水需求时，第3款不得分。

预评价查阅水资源利用方案，非传统水源利用计算书（需要包含杂用水需用水量、非传统水源可利用量、设计利用量、补水水源等相关水量估算及水平衡分析），给水排水施工图设计说明（应落实水资源利用方案的内容，需要包含非传统水源来源说明）、处理设备工艺流程图和详图、供水系统图及平面图等施工图设计文件，中水用水协议（采用市政再生水时）。

评价查阅预评价方式涉及的竣工文件，水资源利用方案，非传统水源利用计算书，中水用水协议（采用市政再生水时）。已投入使用的项目，尚应查阅非传统水源用水量记录、非传统水源水质检测报告。

Ⅳ 节材与绿色建材

7.2.14 建筑所有区域实施土建工程与装修工程一体化设计及施工，评价分值为8分。

【条文说明扩展】

实施土建工程与装修工程一体化设计施工，是节约降碳以及提升建筑项目综合效益的重要策略。要求将土建设计、机电设计和装修设计紧密融合，从项目初始阶段进行统一规划，确保各环节在设计理念、材料选用、施工流程上的高度协同。在土建设计阶段，需充分预见建筑空间的功能变化潜力及装饰装修（包括室内、室外、幕墙、陈设）、机电（暖通、电气、给水排水外露设备设施）设计的各项需求，通过细致的孔洞预留和装修面层固定件预埋，有效避免装修阶段对建筑主体结构的破坏，如不必要的打凿和穿孔作业，从而保护建筑结构完整性，延长建筑使用寿命。

实践中，建设单位可采取统一组织或提供菜单式装修选项的方式，确保图纸设计、材料采购与施工的一体化进行。选用风格统一、工业化生产的整体吊顶、橱柜、卫生间等装修部件，不仅能减少设计反复，提升设计质量，还能加速施工进度，保证装修效果的一致性。同时，强调材料的选择应兼顾稳定性、耐久性、环保性和通用性，确保工程竣工验收时室内装修一步到位，既美观又实用，避免了对建筑构件和设施的二次破坏。

土建装修一体化施工，提前让机电、装修施工介入，综合考虑各专业需求，避免发生错漏碰缺、工序颠倒、操作空间不足、成品破坏和污染等后续无法补救的问题。采用 BIM 技术在土建和装修的施工阶段进行深化设计，整合各专业深化设计模型，可以预先发现各专业的碰撞问题，提前解决交叉碰撞和空间预留不足等问题，减少土建施工后装修施工的变更。

本条所指的建筑全部区域不包含设备间、机房等非装修区域。

【具体评价方式】

本条适用于各类民用建筑的预评价、评价。

预评价查阅建筑、结构、机电、装修各专业施工图等设计文件，重点核查结构、设备等土建设计预留条件与装修设计方案的一致性。

评价查阅预评价方式涉及的建筑、结构、机电及装修竣工图、验收报告、施工过程记录、实景照片等。

7.2.15 合理选用建筑结构材料与构件，评价总分值为 10 分，并按下列规则评分：

1 混凝土结构，按下列规则分别评分并累计：

  1）400MPa 级及以上强度等级钢筋应用比例达到 85％，得 5 分；

  2）混凝土竖向承重结构采用强度等级不小于 C50 混凝土用量占竖向承重结构中混凝土总量的比例达到 50％，得 5 分。

2 钢结构，按下列规则分别评分并累计：

  1）Q355 级及以上高强钢材用量占钢材总量的比例达到 50％，得 3 分；达到 70％，得 4 分；

  2）螺栓连接等非现场焊接节点占现场全部连接、拼接节点的数量比例达到 50％，得 4 分；

  3）采用施工时免支撑的楼屋面板，得 2 分。

3 混合结构：对其混凝土结构部分、钢结构部分，分别按本条第 1 款、第 2 款进行评价，得分取各项得分的平均值。

7 资源节约

【条文说明扩展】

合理选用建筑结构材料，可减小构件的截面尺寸及材料用量，同时也可减轻结构自重，减小地震作用，节材效果显著优于同类建材。

本条中建筑结构材料主要指高强度钢筋、高强混凝土、高强度钢材。高强度钢筋包括抗拉强度 400MPa 级及以上受力普通钢筋；高强混凝土包括 C50 及以上混凝土；高强度钢材包括现行国家标准《钢结构设计标准》GB 50017 规定的 Q345（实际上为 Q355）级以上高强度钢材。注意：在《低合金高强度结构钢》GB/T 1591-2018 中，Q345 钢材牌号已更改为 Q355。采用混合结构时，考虑混凝土、钢的组合作用优化结构设计，可达到较好的节材效果。

第 2 款第 3 项所指的施工时免支撑的楼屋面板，包括各种类型的不需要再支模板，或者仅需要简单支撑的钢筋混凝土叠合板或预应力混凝土叠合板，对于楼屋面采用工具式脚手架与配套定型模板施工的，可达到免抹灰效果，视为满足要求。

第 3 款，需要特别明确的内容如下：

（1）当建筑结构材料与构件中的地上所有竖向承重构件为钢构件或者钢包混凝土构件，楼面结构是钢梁与混凝土组合楼面时，且考虑钢梁与混凝土楼板的组合作用优化了结构设计，达到了较好的节材效果，可按第 2 款直接计算总分值，评价时，需要提供对应的结构计算书及结构设计图以佐证；如果没有考虑钢梁与混凝土楼板的组合作用，则按第 2 款各分项分别计算分值。

（2）当采用型钢混凝土结构（混凝土包钢），则按第 1 款计算分值，其中钢材用量计入钢筋用量中。

（3）其他混合结构则分别按第 1、2 款计算分值，取分别计算的得分的平均值作为本条款的分值。

材料用量比例应按以下规则进行计算：

（1）对于混凝土结构，需计算高强度钢筋比例、高强混凝土使用比例；

（2）对于钢结构，需计算高强度钢材使用比例、螺栓连接节点数量比例；

（3）对于混合结构，除计算以上材料之外，还需计算各类建筑结构中高强度材料的使用比例。

【具体评价方式】

本条适用于各类民用建筑的预评价、评价。

预评价查阅结构设计说明、结构施工图、材料预算清单等设计文件，各类材料用量比例计算书等佐证材料。

评价查阅预评价涉及内容的竣工文件，施工记录，材料采购清单，原材料送检报告及各类材料用量比例计算书。

7.2.16 建筑装修选用工业化内装部品，评价总分值为 8 分。建筑装修选用工业化内装部品占同类部品用量比例达到 50% 以上的部品种类，达到 1 种，得 3 分；达到 3 种，得 5 分；达到 3 种以上，得 8 分。

【条文说明扩展】

建筑装修选用工业化内装部品是节能减碳的有效途径。该方式注重优化设计和提高施工效率，通过工厂预制和现场拼装，降低资源消耗和废弃物产生，显著减少现场施工能耗和碳排放，同时采用环保材料和可再生材料，能够提升建筑能效和舒适度。

本条所指的工业化内装部品主要包括整体卫浴、整体厨房、装配式吊顶、干式工法地面、装配式内墙、管线集成与设备设施等。装配式内墙一般指非砌筑免抹灰墙体，主要包括：轻质条板隔墙、玻璃隔断、木骨架或轻钢骨架复合墙；这些非砌筑墙体主要特征是工厂生产、现场安装、以干法施工为主，适合产品集成。

> 《装配式建筑评价标准》GB/T 51129-2017
> 2.0.4 集成厨房
> 地面、吊顶、墙面、橱柜、厨房设备及管线等通过设计集成、工厂生产，在工地主要采用干式工法装配而成的厨房。
> 2.0.5 集成卫生间
> 地面、吊顶、墙面和洁具设备及管线等通过设计集成、工厂生产，在工地主要采用干式工法装配而成的卫生间。

工业化内装部品占同类部品用量比例可按现行国家标准《装配式建筑评价标准》GB/T 51129的有关规定计算，当计算比例达到50%及以上时可认定为1种。

当裙房建筑面积较大时，或建筑使用功能、主体功能形式等存在较大差异时，主楼与裙房可先分别评价并计算得分，然后按照建筑面积的权重进行折算。

【具体评价方式】

本条适用于各类民用建筑的预评价、评价。

预评价查阅建筑、装修、工业化内装部品等的设计文件，工业化内装部品用量比例计算书。

评价查阅预评价涉及内容的竣工文件，工业化内装部品用量比例计算书、工业化内装深化设计图、材料见证送检报告。

7.2.17 选用可再循环材料、可再利用材料及利废建材，评价总分值为12分，并按下列规则分别评分并累计：

1 可再循环材料和可再利用材料用量比例，按下列规则评分：
  1）住宅建筑达到6%或公共建筑达到10%，得3分。
  2）住宅建筑达到10%或公共建筑达到15%，得6分。

2 利废建材选用及其用量比例，按下列规则评分：
  1）采用一种利废建材，其占同类建材的用量比例不低于50%，得3分。
  2）选用两种及以上的利废建材，每一种占同类建材的用量比例均不低于30%，得6分。

【条文说明扩展】

本条的评价范围是永久性安装在工程中的建筑材料，不包括电梯等设备。

7 资源节约

第1款，可再利用材料指的是在不改变材料的物质形态情况下直接进行再利用，或经过简单组合、修复后可直接再利用的土建及装饰装修材料，如旧钢架、旧木材、旧砖等；可再循环材料指的是需要通过改变物质形态可实现循环利用的土建及装饰装修材料，如钢筋、铜、铝合金型材、玻璃、石膏、木地板等；还有的建筑材料则既可以直接再利用又可以回炉后再循环利用，例如旧钢结构型材等。以上各类材料均可纳入本条范畴。施工过程中产生的回填土、使用的模板等不在本条范畴中。

常见可再循环建筑材料见表7-4。

表7-4 常见可再循环建筑材料

大类	小类	具体材料
金属	钢	钢筋、型钢等
	不锈钢	不锈钢管、不锈钢板、锚固等
	铸铁	铸铁管、铸铁栅栏等
	铝及铝合金	铝合金型材、铝单板、铝塑板、铝蜂窝板等
	铜及铜合金	铜板、铜塑板等
	其他	锌及锌合金板等
无机非金属材料	玻璃	门窗、幕墙、采光顶、透明地面及隔断用玻璃等
	石膏	吊顶、室内隔断用石膏板等
其他	木材	木方、木板等
	竹材	竹板、竹竿等
	高分子材料	塑料窗框、塑料管材等

计算可再循环材料和可再利用材料用量比例时，分子为申报项目各类可再循环材料和可再利用材料重量之和，如有材料既属于可再循环材料，又属于可再利用材料，可以计入分子，但不可重复统计；分母为全部建筑材料总重量。

第2款，利废建材即"以废弃物为原料生产的建筑材料"，是指在满足安全和使用性能的前提下，使用废弃物等作为原材料生产出的建筑材料，要求其中废弃物掺量（重量比）不低于生产该建筑材料总量的30%，且该建筑材料的性能同时满足相应的国家或行业标准的要求。废弃物主要包括建筑废弃物、工业废料和生活废弃物。在满足使用性能的前提下，鼓励利用建筑废弃混凝土，生产再生骨料，制作成混凝土砌块、水泥制品或配制再生混凝土；鼓励利用工业废料、农作物秸秆、建筑垃圾、淤泥为原料制作成水泥、混凝土、墙体材料、保温材料等建筑材料；鼓励以工业副产品石膏制作成石膏制品；鼓励使用生活废弃物经处理后制作成建筑材料。

计算利废建材用量比例时，分子为某种利废建材重量，分母为该种利废建材所属的同类材料的总重量。当项目使用了多种利废建材，应针对每种单独计算，每种利废建材的用量比例均不应低于30%。

如项目中使用了再生骨料混凝土或再生骨料混凝土制品，其再生骨料可计入可再循环材料和利废建材中，各款得分的比例要求相应提升50%。例如某公共建筑项目使用了再生骨料混凝土，并在可再循环材料计算中将再生骨料计入了分子中，则可再循环材料使用比例需达到15%，本条第1款方可得3分。

7.2 评 分 项

【具体评价方式】

本条适用于各类民用建筑的预评价、评价。

预评价查阅建筑等专业的设计说明、施工图、工程概预算材料清单等设计文件，各类材料用量比例计算书，各种建筑材料的使用部位及使用量一览表。

评价查阅预评价涉及内容的竣工文件，各类材料用量比例计算书，利废建材中废弃物掺量说明及证明材料，相关产品检测报告。

7.2.18 选用绿色建材，评价总分值为12分。绿色建材应用比例不低于40%，得4分；不低于50%，得8分；不低于70%，得12分。

【条文说明扩展】

本条中的绿色建材须通过绿色建材产品认证，或满足财政部、住房城乡建设部、工业和信息化部发布的《绿色建筑和绿色建材政府采购需求标准》，且每个二级指标的绿色建材用量应达到相应品类总量的80%方可得分。绿色建材应用比例应根据按下式计算，并按表7-5确定得分：

$$P = \Sigma Q_n / 100 \times 100\% \tag{7-2}$$

$$Q_n = Q_{n总} \times N_绿 / N \tag{7-3}$$

式中：P——绿色建材应用比例；

Q_n——$Q_1 \sim Q_4$ 各类一级指标实际得分值；

$Q_{n总}$——$Q_1 \sim Q_4$ 各类一级指标理论计算分值，$Q_1 \sim Q_4$ 分别为45、35、15、5；

$N_绿$——各类二级指标中工程实际使用并满足绿色建材要求的建材品类数量；

N——各类二级指标中工程实际使用的建材品类数量。

表7-5 绿色建材使用比例计算表

计算指标		计算分值（总分100）
一级指标（n）	二级指标（m）	
主体及围护结构工程用材 Q_1	预拌混凝土	45
	预拌砂浆	
	砌体材料	
	石材	
	防水密封材料	
	保温隔热材料	
	混凝土构配件	
	钢结构构件	
	轻钢龙骨	
	节能门窗	
	遮阳制品	
	其他主体及围护结构工程用材	

续表 7-5

计算指标		计算分值（总分100）
装饰装修工程用材 Q_2	吊顶及配件	35
	墙面涂料	
	装配式集成墙面	
	壁纸（布）	
	建筑装饰板	
	装修用木制品	
	石膏装饰材料	
	抗菌净化材料	
	建筑陶瓷制品	
	地坪材料	
	节水型卫生洁具及其他	
	其他装饰装修工程用材	
机电安装工程用材 Q_3	管材管件	15
	LED照明产品	
	新风净化设备及其系统	
	采暖空调设备及其系统	
	热泵产品及其系统	
	辐射供暖供冷设备及其系统	
	其他机电安装工程用材	
室外工程用材 Q_4	雨水收集回用系统	5
	透水铺装材料	
	其他室外工程用材	

考虑到绿色建材的不断发展，如果具体工程项目使用了表 7-5 二级指标列出的各类建筑材料之外的其他建材（即各类二级指标最后一项其他用材），且该类建材列入了国家、各省市政府采购要求或通过了绿色建材产品认证，可在计算绿色建材应用比例时将各类二级指标 N 和 $N_{绿}$ 同时增加此类其他建材的对应品类数量。

【具体评价方式】

本条适用于各类民用建筑的预评价、评价。

预评价查阅相关设计文件、工程概预算清单、绿色建材应用比例计算分析报告。

评价查阅相关竣工图、购销合同及材料用量清单、符合绿色建材政府采购需求标准证明材料、绿色建材评价认证证书、绿色建材使用说明及第三方检测报告、绿色建材应用比例计算分析报告。

8 环 境 宜 居

8.1 控 制 项

8.1.1 建筑规划布局应满足日照标准,且不得降低周边建筑的日照标准。

【条文说明扩展】

现行国家标准和行业标准分别对住宅、养老设施、宿舍以及中小学校、幼儿园、托儿所、医院等建筑的部分用房规定了日照标准,绿色建筑在规划布局和设计时应满足相关标准的规定,并且需要将建筑基地及周围建筑基地已建、在建和拟建建筑的影响考虑在内。对于没有相应标准要求的建筑,符合当地城乡规划的要求即为达标。需要提醒的是,部分省市的地方标准或规定对建筑日照标准提出了更加严格的要求,在当地开展绿色建筑规划设计或咨询时应遵守。为便于执行本条,本细则列出了国家现行有关标准中涉及日照的主要条款:

《城市居住区规划设计标准》GB 50180-2018

4.0.9 住宅建筑的间距应符合表 4.0.9 的规定;对特定情况,还应符合下列规定:

1 老年人居住建筑日照标准不应低于冬至日日照时数 2h;

2 在原设计建筑外增加任何设施不应使相邻住宅原有日照标准降低,既有住宅建筑进行无障碍改造加装电梯除外;

3 旧区改建项目内新建住宅建筑日照标准不应低于大寒日日照时数 1h。

表 4.0.9 住宅建筑日照标准

气候区划	Ⅰ、Ⅱ、Ⅲ、Ⅶ气候区		Ⅳ气候区		Ⅴ、Ⅵ气候区
城区常住人口(万人)	≥50	<50	≥50	<50	无限定
日照标准日	大寒日				冬至日
日照时数(h)	≥2		≥3		≥1
有效日照时间带(当地真太阳时)	8时~16时				9时~15时
计算起点	底层窗台面				

注:底层窗台是距室内地坪 0.9m 高的外墙位置。

《民用建筑设计统一标准》GB 50352-2019

2.0.12 日照标准 insolation standard

根据建筑物所处的气候区、城市规模和建筑物的使用性质确定的，在规定的日照标准日（冬至日或大寒日）的有效日照时间范围内，以有日照要求楼层的窗台面为计算起点的建筑外窗获得的日照时间。

4.2.3(4) 新建建筑物或构筑物应满足周边建筑物的日照标准。

《老年人照料设施建筑设计标准》JGJ 450-2018

4.1.1 老年人照料设施建筑基地应选择在工程地质条件稳定、不受洪涝灾害威胁、日照充足、通风良好的地段。

5.2.1 居室应具有天然采光和自然通风条件，日照标准不应低于冬至日日照时数2h。当居室日照标准低于冬至日日照时数2h时，老年人居住空间日照标准应按下列规定之一确定：

1 同一照料单元内的单元起居厅日照标准不应低于冬至日日照时数2h。
2 同一生活单元内至少1个居住空间日照标准不应低于冬至日日照时数2h。

《宿舍建筑设计规范》JGJ 36-2016

3.1.2 宿舍基地宜有日照条件，且采光、通风良好。

《中小学校设计规范》GB 50099-2011

4.3.3 普通教室冬至日满窗日照不应少于2h。

4.3.4 中小学校至少应有1间科学教室或生物实验室的室内能在冬季获得直射阳光。

《托儿所、幼儿园建筑设计规范》JGJ 39-2016（2019年版）

3.2.8 托儿所、幼儿园的活动室、寝室及具有相同功能的区域，应布置在当地最好朝向，冬至日底层满窗日照不应小于3h。

3.2.8A 需要获得冬季日照的婴幼儿生活用房窗洞开口面积不应小于该房间面积的20%。

4.3.5 设置的阳台或室外活动平台不应影响生活用房的日照。

《综合医院建筑设计规范》GB 51039-2014

4.2.6 病房建筑的前后间距应满足日照和卫生间距要求，且不宜小于12m。

《旅馆建筑设计规范》JGJ 62-2014

3.3.1 旅馆建筑总平面应根据当地气候条件、地理特征等进行布置。建筑布局应有利于冬季日照和避风，夏季减少得热和充分利用自然通风。

本条达标的判断依据，一是规划批复文件，二是依据设计文件进行的日照模拟分析结果。日照的模拟计算执行现行国家标准《建筑日照计算参数标准》GB/T 50947。该标准适用于建筑及场地的日照计算，规定通过物理模型与实测对比、地理参数影响、建筑附属物遮挡影响等试验，取得日照基准年、采样点间距、计算误差的允许偏差等重要技术参

8.1 控 制 项

数;主要技术内容包括数据要求、建模要求、计算参数与方法、计算结果与误差等。另外,日照计算分析报告应符合行业标准《民用建筑绿色性能计算标准》JGJ/T 449-2018 附录 A 的要求。

本条要求建筑规划布局时,除了保证项目自身满足日照要求,还要兼顾周边建筑,避免或减少对周边有日照要求的建筑产生不利的遮挡。对于新建项目的建设,应确保周边建筑继续满足有关日照标准的要求。对于改造项目分两种情况:项目改造前,周边建筑满足日照标准的,应当保证其改造后仍符合相关日照标准的要求;项目改造前,周边建筑不满足日照标准的,改造后不能降低其原有的日照水平。

对于周边建筑的日照水平,现行标准给出定量要求的(例如住宅、幼儿园),可以通过模拟计算结果来判定是否达标;现行标准没有定量要求的,则可以不进行日照模拟计算,只要满足控制项详细规划即可判定达标。

【具体评价方式】

本条适用于各类民用建筑的预评价、评价。

预评价查阅规划批复文件(建设工程规划许可证、建设用地规划许可证)、总平面设计图、日照模拟分析报告(注明遮挡建筑和被遮挡建筑)。

评价查阅预评价涉及内容的竣工文件,日照模拟分析报告,重点审核竣工图中的建筑布局及间距、遮挡建筑和被遮挡建筑的情况。

8.1.2 室外热环境应满足国家现行有关标准的要求。

【条文说明扩展】

本次局部修订进一步强调建筑室外热环境营造的重要性,并明确居住区及住宅建筑和公共建筑的室外热环境营造的达标要求。

行业标准《城市居住区热环境设计标准》JGJ 286-2013 第1.0.2条的条文说明对该标准的适用范围进一步解释:本标准适用于城市的居住区热环境设计,并主要适用于新建区。因此,对于新建的城市居住区(城市中住宅建筑相对集中布局的地区)及其住宅建筑,本条要求按现行行业标准《城市居住区热环境设计标准》JGJ 286进行热环境设计,并且可以进行规定性设计或评价性设计。对于旧城区的居住街坊改造规划设计,受到的约束条件较多、个案性强、规律性差,按统一标准规定的执行难度较大,该标准不对既有居住区改造作出规定。但对于在旧城区新建或重建的居住区及其住宅建筑,应当进行热环境设计,并且迎风面积比和户外活动场地的遮阳覆盖率需满足该标准的规定。

《城市居住区热环境设计标准》JGJ 286-2013

2.1.4 迎风面积比

建筑物在设计风向上的迎风面积与最大可能迎风面积的比值。

2.1.5 平均迎风面积比

居住区或设计地块范围内各个建筑物的迎风面积比的平均值。

4.1.4 在Ⅲ、Ⅳ、Ⅴ建筑气候区,当夏季主导风向上的建筑物迎风面宽度超过80m时,该建筑底层的通风架空率不应小于10%。当不满足本条文要求时,居住区的夏季逐时湿球黑球温度和夏季平均热岛强度应符合本标准第3.3.1条的规定。

8 环境宜居

4.3.1 居住区户外活动场地和人行道路地面应有雨水渗透与蒸发能力,渗透与蒸发指标不应低于表 4.3.1 的规定。当不满足本条文要求时,居住区的夏季逐时湿球黑球温度和夏季平均热岛强度应符合本标准第 3.3.1 条的规定。

表 4.3.1 居住区地面的渗透与蒸发指标

地面	Ⅰ、Ⅱ、Ⅵ、Ⅶ气候区			Ⅲ、Ⅳ、Ⅴ气候区		
	渗透面积比率 β (%)	地面透水系数 k (mm/s)	蒸发量 m (kg/(m²·d))	渗透面积比率 β (%)	地面透水系数 k (mm/s)	蒸发量 m (kg/(m²·d))
广场	40	3	1.6	50	3	1.3
游憩场	50			60		
停车场	60			70		
人行道	50			60		

4.4.1 城市居住区详细规划阶段热环境设计时,居住区应做绿地和绿化,绿地率不应低于30%,每100m²绿地上不少于3株乔木。

4.4.2 居住区内建筑屋面的绿化面积不应低于可绿化屋面面积的50%。当不满足本条文要求时,居住区的夏季逐时湿球黑球温度和夏季平均热岛强度应符合本标准第 3.3.1 条的规定。

当按评价性设计时,《城市居住区热环境设计标准》JGJ 286-2013 规定。

《城市居住区热环境设计标准》JGJ 286-2013

3.3.1 当进行评价性设计时,应采用逐时湿球黑球温度和平均热岛强度作为居住区热环境的设计指标,设计指标应符合下列规定:
1 居住区夏季逐时湿球黑球温度不应大于33℃;
2 居住区夏季平均热岛强度不应大于1.5℃。

对于公共建筑,因现行工程建设标准尚未定量规定室外环境的热安全指标,因此本次局部修订时,只在条文说明中补充了热安全的原则要求,推荐了防热措施(种植乔木、设置遮阳设施以及路面自动洒水装置、设置环境喷雾或风扇调风装置等)。公共建筑室外阴影区之外的相关场所只要设置了固定的防热措施或为临时设置防热措施预留了必要条件,即可视为达标。

若公共建筑需要定量分析室外热环境,可以参照国家标准《热环境 根据WBGT指数(湿球黑球温度)对作业人员热负荷的评价》GB/T 17244-1998(等效采用ISO7243:1989《热环境 根据WBGT指数(湿球黑球温度)对作业人员热负荷的评价》)进行检测和分析。该标准规定了作业人员的热环境评价指标WBGT。参照该标准,可以把33℃~35℃作为衡量室外场所热环境营造水平的评判指标(视建筑室外人员处于休息状态)。

8.1 控 制 项

《热环境 根据WBGT指数（湿球黑球温度）对作业人员热负荷的评价》GB/T 17244-1998

2.1 WBGT指数 wet bulb globe temperature index

WBGT指湿球黑球温度，是综合评价人体接触作业环境热负荷的一个基本参量，单位为度。用以评价人体的平均热负荷。它采用自然湿球温度（t_{nw}）和黑球温度（t_g），露天情况下加测空气干球温度（t_a）。WBGT指数按式（1）和式（2）计算：

—— 室内外无太阳辐射：

$$WBGT = 0.7t_{nw} + 0.3t_g \quad (1)$$

—— 室外有太阳辐射：

$$WBGT = 0.7t_{nw} + 0.2t_g + 0.1t_a \quad (2)$$

2.2 热负荷 heat stress

指人体在热环境中作业时的受热程度，以WBGT指数表示，取决于体力劳动的产热量和环境与人体间热交换的特性。

2.3 平均能量代谢率 mean energy metabolic rate

指一个或多个作业人员8h工作日内总能量消耗值的平均，单位以千卡/(分·平方米) [kcal/(min·m²)] 或千焦/(分·平方米) [kJ/(min·m²)] 表示。

3 评价标准

评价标准以WBGT指数表示。根据WBGT指数变化情况，将热环境的评价标准分为四级（见表1）。

表1 WBGT指数评价标准

平均能量代谢率等级	WBGT指数,℃			
	好	中	差	很差
0	≤33	≤34	≤35	>35
1	≤30	≤31	≤32	>32
2	≤28	≤29	≤30	>30
3	≤26	≤27	≤28	>28
4	≤25	≤26	≤27	>27

【具体评价方式】

本条适用于各类民用建筑的预评价、评价。

预评价查阅室外景观总平图、乔木种植平面图、构筑物设计详图（需含构筑物投影面积值）、屋面做法详图及道路铺装详图等设计文件；住宅建筑查阅室外平均迎风面积比和活动场地遮阳覆盖率计算报告，公共建筑查阅设计文件并核对室外场地防热措施或预留防热措施设置条件的说明。

评价查阅预评价涉及内容的竣工文件，住宅建筑查阅室外平均迎风面积比和活动场地遮阳覆盖率计算报告，公共建筑查阅夏季防热措施的报告或预留防热措施设置条件的说明。

8.1.3 配建的绿地应符合所在地城乡规划的要求，应合理选择绿化方式，植物种植应适应当地气候和土壤，且应无毒害、易维护，种植区域覆土深度和排水能力应满足植物生长需求，并应采用复层绿化方式。

【条文说明扩展】

条文要求合理选择绿化方式是指结合项目所在地的气候特点和项目具体情况，选择最适宜的绿化方式，包括复层绿化、屋顶绿化或垂直绿化等，并且鼓励项目采取屋顶绿化或墙面垂直绿化，实现立体绿化，这样既能增加绿化面积，提高绿容率，又可以改善屋顶和墙壁的保温隔热效果。例如，垂直绿化可以利用檐、墙、杆、栏等栽植藤本植物、攀缘植物和垂吊植物，达到防护、绿化和美化等效果，并且适合在东西向和南向等处种植。因各地气候条件和具体建筑的情况差异较大，从因地制宜的角度，条文中未对绿化方式作进一步的要求。项目是否采取立体绿化的方式，由项目的具体情况并结合当地规划和园林部门的政策进行合理选择。

在苗木的选择上，要优先选择本土物种。合理的植物物种选择和搭配，会对绿地植被的生长起到促进作用，既能起到改善场地微环境的作用，又能降低后期维护费用。选择无毒害的物种，能够保证绿化环境的安全和人身健康。种植区域的覆土深度因所处地域不同会有差异，因此应当满足申报项目所在地园林主管部门对覆土深度的要求，并应当满足当地植物自然生长的需要。

大面积的草坪不但维护费用昂贵，其生态效益也远远小于灌木和乔木，因此本条要求采用复层绿化，需要合理搭配乔木、灌木和草坪，并且以乔木为主，灌木填补林下空间，地面栽花种草，在垂直面上形成乔、灌、草空间互补和重叠的效果。根据植物的不同特性（如高矮、冠幅大小、光及空间需求等）差异而取长补短，相互兼容，进行立体多层次种植，提高绿地的空间利用率、增加绿量，使有限的绿地发挥更大的生态效益和景观效益。

【具体评价方式】

本条适用于各类民用建筑的预评价、评价。

预评价查阅规划批复文件、室外景观总平图、乔木种植平面图、苗木表等景观专业设计文件，涉及屋顶绿化、垂直绿化的建筑、结构、排水等专业设计文件。

评价查阅规划批复文件、预评价方式涉及的竣工验收报告、绿地计算书、植物订购合同、苗木出圃证明等，必要的实景影像资料。重点审核其绿化区域和面积、覆土深度、排水能力。

8.1.4 场地的竖向设计应有利于雨水的收集或排放，应有效组织雨水的下渗、滞蓄或再利用；对大于10hm^{2}的场地应进行雨水控制利用专项设计。

【条文说明扩展】

场地竖向设计，不仅是为了雨水的回收利用，还能防止因降雨导致场地积水或内涝。因此，无论是在水资源丰富的地区还是在水资源贫乏的地区，均应按照现行行业标准《城乡建设用地竖向规划规范》CJJ 83要求，根据工程项目场地条件及所在地年降水量等因素，通过场地竖向设计，有效组织雨水下渗、滞蓄，并进行雨水下渗、收集或排放的技术经济分析和合理选择。应避免或减少采用雨水蓄水池等灰色设施，合理设计径流途径，通过竖向设计引导场地雨水重力自流进入绿色生态设施，充分利用绿地和场地空间实施入渗。

实践证明，小型的、分散的雨水管理设施尤其适用于建设场地的开发。对大于10hm^{2}的场地，进行雨水控制与利用专项设计，能够有效避免实际工程中针对某个子系统（雨水利用、径流减排、污染控制等）进行独立设计所带来的诸多资源配置和统筹衔接不当的问题。不大于10hm²的项目,也应根据场地条件合理采用雨水控制利用措施,编制场地雨水综合控制利用方案。

【具体评价方式】

本条适用于各类民用建筑的预评价、评价。

预评价查阅地形图、场地竖向设计图、室外雨水排水平面图、雨水控制利用专项规划设计(大于10hm²的场地)或方案(不大于10hm²的场地)等设计文件,年径流总量控制率计算书、设计控制雨量计算书。

评价查阅预评价涉及内容的竣工文件,年径流总量控制率计算书、设计控制雨量计算书。

8.1.5 建筑内外均应设置便于识别和使用的标识系统。

【条文说明扩展】

日常生活、工作及娱乐消费活动中经常能遇到居住区和公共建筑内外标识缺失或不易被识别的情况,给使用者带来极大的困扰。设置便于识别和使用的标识系统,能够为建筑使用者带来便捷的使用体验。

住宅和公共建筑涉及的标识类别很多,例如,人车分流标识、公共交通接驳引导标识、易于老年人识别的标识、满足儿童使用需求与身高匹配的标识、无障碍标识、楼座及配套设施的定位标识、健身慢行道导向标识、健身楼梯间导向标识、公共卫生间导向标识,以及其他促进建筑便捷使用的导向标识等。公共建筑的标识系统应当执行现行国家标准《公共建筑标识系统技术规范》GB/T 51223,住宅建筑无专门的标识系统技术规范,本条要求住宅建筑和居住区参照现行国家标准《公共建筑标识系统技术规范》GB/T 51223执行。

《公共建筑标识系统技术规范》GB/T 51223-2017

3.1.3 公共建筑标识系统应包括导向标识系统和非导向标识系统。导向标识系统的构成应符合表3.1.3的规定。

表3.1.3 导向标识系统构成及功能

序号	系统构成		功能	设置范围
1	通行导向标识系统	人行导向标识系统	引导使用者进入、离开及转换公共建筑区域空间	临近公共建筑的道路、道路平面交叉口、公共交通设施至公共建筑的空间,以及公共建筑附近的城市规划建筑红线内外区域及地面出入口、内部交通空间等
		车行导向标识系统		
2	服务导向标识系统		引导使用者利用公共建筑服务功能	公共建筑所有使用空间
3	应急导向标识系统		在突发事件下引导使用者应急疏散	公共建筑所有使用空间

4.1.2 对于新建的公共建筑,导向标识系统设计应与建筑设计、景观设计、室内设计协同进行。

4.3.3 导向标识系统的信息架构应符合下列规定:

1 同一种类型标识信息宜区分信息的重要程度,可在统一版面布置;

8 环境宜居

> 2 不同类型标识信息宜版面单独设置；
> 3 有无障碍设施空间环境中，应设置无障碍信息；
> 4 导向标识信息系统应具有便于及时更新与扩充内容的可调整性。

标识系统各类标识中信息的传递应优先使用图形标识，并且可以参考公共信息图形符号的现行国家标准《公共信息图形符号》GB/T 10001.1～GB/T 10001.9、《标志用图形符号表示规则　公共信息图形符号的设计原则与要求》GB/T 16903 和《标志用图形符号表示规则　第 2 部分：公共信息图形符号的通用符号要素》GB/T 16903.2 等的规定，公共信息导向系统设置可参考现行国家标准《公共信息导向系统　设计原则与要求》GB/T 15566 系列标准。

另外，标识的辨识度要高，安装位置和高度要适宜，易于被发现和识别，尤其避免将标识安装在活动物体上，例如将厕所的标识安装在门上时，会因门打开而不容易看到。对于居住区和公共建筑群，在场地主出入口应当设置总平面布置图，标注出楼号及建筑主出入口等信息。

【具体评价方式】

本条适用于各类民用建筑的预评价、评价。

预评价查阅建筑专业或景观专业总平面图、标识系统设计文件，包括标识系统设计说明、室内外标识布点及各类标识设计详图等。

评价查阅预评价涉及的竣工文件，必要的现场影像资料。

8.1.6 场地内不应有排放超标的污染源。

【条文说明扩展】

建筑场地内不应存在未达标排放或者超标排放的气态、液态或固态的污染源。排放超标的污染源主要包括工业污染源、交通运输污染源、农业污染源和生活污染源。这些污染源在不同程度上对环境造成了严重影响。例如：建筑设备或环境产生的超标噪声及振动，厨房未达标排放的油烟，燃煤锅炉房超标排放的煤气或工业废气，垃圾堆排放超标的污染物等。若存在或产生污染源，则应积极采取相应的治理措施，并达到无超标排放的要求。需说明的是，项目建设时场地内及周边不能存在污染源，存在的污染源必须经治理合格；项目建成后，不能产生新的排放超标污染源。

常见的污染源需执行的标准包括现行国家标准《社会生活环境噪声排放标准》GB 22337、《大气污染物综合排放标准》GB 16297、《锅炉大气污染物排放标准》GB 13271、《饮食业油烟排放标准》GB 18483、《污水综合排放标准》GB 8978、《医疗机构水污染物排放标准》GB 18466、《污水排入城镇下水道水质标准》GB/T 31962 等。

【具体评价方式】

本条适用于各类民用建筑的预评价、评价。

预评价查阅环评报告书（表）或环境影响自评估报告，治理措施分析报告（应包括对污染物防治的措施分析）。

评价查阅预评价涉及的相关文件，治理措施分析报告，项目运行期排放废气、污水等污染物的排放检测报告等。

8.1 控 制 项

8.1.7 生活垃圾应分类收集，垃圾容器和收集点的设置应合理并应与周围景观协调。

【条文说明扩展】

为推进生活垃圾分类工作，国务院、住房城乡建设部等先后印发了《国务院办公厅关于转发国家发展改革委住房城乡建设部生活垃圾分类制度实施方案的通知》（国办发〔2017〕26号）、《住房和城乡建设部等部门关于在全国地级及以上城市全面开展生活垃圾分类工作的通知》（建城〔2019〕56号）。

生活垃圾通常分四类，包括有害垃圾、易腐垃圾（厨余垃圾）、可回收垃圾和其他垃圾。有害垃圾主要包括：废电池（镉镍电池、氧化汞电池、铅蓄电池等），废荧光灯管（日光灯管、节能灯等），废温度计，废血压计，废药品及其包装物，废油漆、溶剂及其包装物，废杀虫剂、消毒剂及其包装物，废胶片及废相纸等。易腐垃圾（厨余垃圾）包括剩菜剩饭、骨头、菜根菜叶、果皮等可腐烂有机物。可回收垃圾主要包括：废纸，废塑料，废金属，废包装物，废旧纺织物，废弃电器电子产品，废玻璃，废纸塑铝复合包装，大件垃圾等。有害垃圾、易腐垃圾（厨余垃圾）、可回收垃圾应分别收集。有害垃圾必须单独收集、单独清运。

垃圾收集设施规格和位置应符合国家有关标准的规定，其数量、外观色彩及标志应符合垃圾分类收集的要求，并置于隐蔽、避风处，与周围景观相协调。垃圾收集设施应坚固耐用，防止垃圾无序倾倒和露天堆放。同时，在垃圾容器和收集点布置时，重视垃圾容器和收集点的环境卫生与景观美化问题，做到密闭并相对位置固定，保持垃圾收集容器、收集点整洁、卫生、美观。

行业标准《城市生活垃圾分类及其评价标准》CJJ/T 102-2004要求垃圾分类结合本地区垃圾的特性和处理方式选择垃圾分类方法，对于垃圾分类的操作，该标准要求按本地区垃圾分类指南进行操作，并对垃圾投放、垃圾容器、垃圾收集等有具体要求。此外，国家标准《生活垃圾分类标志》GB/T 19095-2019对垃圾分类标志有具体规定。当本地区有高于或严于国家要求的垃圾分类地方标准时，应当同时执行。

行业标准《环境卫生设施设置标准》CJJ 27-2012第3.1、3.2、3.3、4.2节对废物箱、垃圾收集站（点）的设置有具体规定。行业标准《生活垃圾收集站技术规程》CJJ 179-2012对垃圾收集站（点）的规划、设计、建设、验收、运行及维护均有要求，其设计要求包括高效、节能、环能、安全、卫生等，设备选型也应标准化、系列化。

【具体评价方式】

本条适用于各类民用建筑的预评价、评价。

预评价查阅环境卫生专业设计说明、设备材料表等设计文件，垃圾分类收集设施布置图。

评价查阅预评价涉及内容的竣工文件，垃圾收集设施布置图。投入使用的项目，尚应查阅的垃圾管理制度（明确垃圾分类方式）。

8.1.8 环境宜居相关技术要求应符合现行强制性工程建设规范《建筑环境通用规范》GB 55016、《市容环卫工程项目规范》GB 55013、《园林绿化工程项目规范》GB 55014、《建筑给水排水与节水通用规范》GB 55020等的规定。

8 环境宜居

【条文说明扩展】

上述四部强制性工程建设规范以及现行强制性工程建设规范《住宅项目规范》GB 55038涉及室外环境营造的条文较多，在建筑设计、咨询以及施工运维阶段均应当给予重视和落实。例如：

《建筑环境通用规范》GB 55016-2021

2.1.2 噪声与振动敏感建筑在2类或3类或4类声环境功能区时，应在建筑设计前对建筑所处位置的环境噪声、环境振动调查与测定。声环境功能区分类应符合本规范附录A的规定。

3.2.8 建筑物设置玻璃幕墙时应符合下列规定：

1 在居住建筑、医院、中小学校、幼儿园周边区域以及主干道路口、交通流量大的区域设置玻璃幕墙时，应进行玻璃幕墙反射光影响分析；

2 长时间工作或停留的场所，玻璃幕墙发射光在其窗台面上的连续滞留时间不应超过30min；

3 在驾驶员前进方向垂直角20°、水平角±30°、行车距离100m内，玻璃幕墙对机动车驾驶员不应造成连续有害反射光。

3.4.3 当设置室外夜景照明时，对居室的影响应符合下列规定：

1 居住空间窗户外表面上产生的垂直面照度不应大于表3.4.3-1的规定值。

表3.4.3-1 居住空间窗户外表面的垂直照度最大允许值

照明技术参数	应用条件	环境区域			
		E0区、E1区	E2区	E3区	E4区
垂直面照度 E_v (lx)	非熄灯时段	2	5	10	25
	熄灯时段	0*	1	2	5

注：* 当有公共（道路）照明时，此值提高到1lx。

2 夜景照明灯具朝居室方向的发光强度不应大于表3.4.3-2的规定值。

表3.4.3-2 夜景照明灯具朝居室方向的发光强度最大允许值

照明技术参数	应用条件	环境区域			
		E0区、E1区	E2区	E3区	E4区
灯具发光强度 I (cd)	非熄灯时段	2500	7500	10000	25000
	熄灯时段	0*	500	1000	2500

注：1 本表不适用于瞬间或短时间看到的灯具；
2 当有公共（道路）照明时，此值提高到500cd；
3 当采用闪动的夜景照明时，相应灯具朝向居室方向的发光强度最大允许值不应大于表3.4.3-2中规定数值的1/2。

《市容环卫工程项目规范》GB 55013-2021

3.1.1 垃圾收集设施应满足垃圾分类投放、分类收集的要求，与分类运输方式相适应，并应符合下列规定：

1 垃圾收集设施投放口高度应符合成人人体工程学的要求；

2 生活垃圾收集设施的分类投放口位置、分类投放容器应设置分类标志；

3 应设置分类储存设备或场所，容量应满足垃圾暂存的需求；

4 垃圾收集桶/箱、垃圾集装箱应与垃圾收集运输车辆相匹配。

3.2.2 生活垃圾收集点布局应根据垃圾产生分布、投放距离、收集模式、周边环境等因素综合确定，并应符合下列规定：

8.1 控制项

1 城镇住宅小区、新农村集中居住点的生活垃圾收集点服务半径应小于或等于120m；

2 封闭式住宅小区应设置生活垃圾收集点；

3 村庄生活垃圾收集点应按自然村设置；

4 交通客运设施、文体设施、步行街、广场、旅游景点（区）等人流聚集的公共场所应设置废物箱。

7.0.2 景观照明应合理选择照明光源、灯具、照明方式和照明时间，合理确定灯具安装位置、照射角度和遮光措施，以避免或减少产生光污染、减少能源消耗，并应符合下列规定：

1 景观照明灯具的上射光通比的限值不应超过表7.0.2-1的规定；

表7.0.2-1 景观照明灯具的上射光通比的限值

环境区域	E0	E1	E2	E3	E4
上射光通比（%）	0	0	5	15	25

2 应控制溢散光对相邻场所的光干扰，受干扰区内距离干扰源最近的住宅建筑居室窗户外表面的垂直照度的限值不应超过表7.0.2-2的规定；

表7.0.2-2 住宅建筑居室窗户外表面的垂直照度的限值

环境区域		E0	E1	E2	E3	E4
垂直照度（lx）	熄灯时段前	—	2	5	10	25
	熄灯时段后	—	<0.1	1	2	5

注：1 环境区域划分详见本规范附录A；
    2 考虑对公共（道路）照明灯具会产生影响，E1区熄灯时段的垂直面照度最大允许值可提高到1lx；
    3 应制定合理的景观照明开关灯时段和时间，严格控制开关灯时段后仍在开灯的灯具类型、数量和光照强度；
    4 在设置公共灯光艺术装置、激光表演装置、投影装置等特殊景观照明设施前，应对可能受到干扰光影响的潜在受害对象进行分析评估。

《园林绿化工程项目规范》GB 55014-2021

3.3.1 植物选择应适地适树，应优先选用乡土植物和引种驯化后在当地适生的植物，并应结合场地环境保护自然生态资源。

3.3.2 植物种植应遵循自然规律和生物特性，不应反季节种植和过度密植。

3.3.5 地下空间顶面、建筑屋顶和构筑物顶面的立体绿化应保证植物自然生长，应在不透水层上设置防水排灌系统，并应符合下列规定：

1 地下空间顶面种植乔木区覆土深度应大于1.5m；

2 建筑屋顶树木种植的定植点与屋顶防护围栏的安全距离应大于树木高度。

《建筑给水排水与节水通用规范》GB 55020-2021

4.5.10 室外雨水口应设置在雨水控制利用设施末端，以溢流形式排放；超过雨水径流控制要求的降雨溢流排入市政雨水管渠。

4.5.11 建筑与小区应遵循源头减排原则，建设雨水控制与利用设施，减少对水生态环境的影响。降雨的年径流总量和外排径流峰值的控制应符合下列要求：

1 新建的建筑与小区应达到建设开发前的水平；

8 环境宜居

2 改建的建筑与小区应符合当地海绵城市建设专项规划要求。

4.5.12 大于 10hm² 的场地应进行雨水控制及利用专项设计，雨水控制及利用应采用土壤入渗系统、收集回用系统、调蓄排放系统。

4.5.13 常年降雨条件下，屋面、硬化地面径流应进行控制与利用。

4.5.14 雨水控制利用设施的建设应充分利用周边区域的天然湖塘洼地、沼泽地、湿地等自然水体。

4.5.15 雨水入渗不应引起地质灾害及损害建筑物和道路基础。下列场所不得采用雨水入渗系统：

1 可能造成坍塌、滑坡灾害的场所；
2 对居住环境以及自然环境造成危害的场所；
3 自重湿陷性黄土、膨胀土、高含盐土和黏土等特殊土壤地质场所。

4.5.16 连接建筑出入口的下沉地面、下沉广场、下沉庭院及地下车库出入口坡道雨水排放，应设置水泵提升装置排水。

【具体评价方式】

本条适用于各类民用建筑的预评价、评价。

预评价查阅相关设计文件。

评价查阅相关竣工图、必要的影像资料等。

8.2 评 分 项

Ⅰ 场地生态与景观

8.2.1 充分保护或修复场地生态环境，合理布局建筑及景观，评价总分值为 10 分，并按下列规则评分：

1 保护场地内原有的自然水域、湿地、植被等，保持场地内的生态系统与场地外生态系统的连贯性，得 10 分。

2 采取净地表层土回收利用等生态补偿措施，得 10 分。

3 根据场地实际状况，采取其他生态恢复或补偿措施，得 10 分。

【条文说明扩展】

本条给出了三种得分措施，满足其中任一款即可得到 10 分。需要强调的是，当项目具备前两款的实施条件时，应当优先按前两款去实施。只有当前两款的得分条件均不具备条件时，才可适用第 3 款。当采取其他生态恢复或补偿措施时，需要给出详细的技术说明，证明确实能够实现生态恢复或补偿。

第 1 款，建设项目规划设计时，先对场地可利用的自然资源进行勘查，充分利用原有地形地貌进行场地设计和建筑布局，尽量减少土石方量，减少开发建设过程对场地及周边环境生态系统的改变，包括原有植被、水体、山体等，特别是胸径在 15cm～40cm 的中龄期及以上的乔木。实现场地内外生态连接，能够打破生态孤岛，有利于物种的存续及生物多样性保护。

第2款，在建设过程中确需改造场地内的地形、地貌等环境状态时，应在工程结束后及时采取生态复原措施，减少对原场地环境的破坏。对场地内未受污染的表层土进行保护和回收利用，是土壤资源保护、维持生物多样性的重要方法之一，也是提高绿化成活率、降低后期复种成本的有效手段。建设项目的场地施工应当合理安排，分类收集、保存并利用原场地的表层土。

第3款，当原场地无自然水体或中龄期以上的乔木、不存在可利用或可改良利用的表层土时，可以根据场地实际状况，结合场地景观绿化设计，采取其他生态恢复或补偿措施。例如，在场地内规划设计多样化的生态体系，为本土动物提供生物通道和栖息场所；采用生态驳岸、生态浮岛等措施增加本地生物生存活动空间。本款可以结合本标准第8.1.4、8.2.2和8.2.5条一并进行设计和实施。

【具体评价方式】

本条适用于各类民用建筑的预评价、评价。

预评价查阅场地原地形图，带地形的规划设计图、总平面图、竖向设计图、景观设计总平面图等设计文件，生态补偿方案，重点审核是否存在满足本条第1款和第2款的实施条件及对应的修复补偿措施。

评价查阅预评价涉及内容的竣工文件，生态补偿方案（植被保护方案及记录、水面保留方案、表层土利用相关图纸及说明文件、表层土收集利用量计算书等），施工记录，影像资料。

8.2.2 规划场地地表和屋面雨水径流，对场地雨水实施外排总量控制，评价总分值为10分。场地年径流总量控制率达到55%，得5分；达到70%，得10分。

【条文说明扩展】

年径流总量控制率是指通过自然和人工强化的入渗、滞蓄、调蓄和收集回用，场地内累计一年得到控制的雨水量占全年总降雨量的比例。外排总量控制包括径流减排、污染控制、雨水调节和收集回用等，应依据场地的实际情况，优先采用下凹式绿地、雨水花园、生物滞留设施等绿色雨水基础设施，辅以人工调蓄池等"灰色"设施，通过合理的技术经济比较，来确定最优方案。对于湿陷性黄土地区等地质、气候等自然条件特殊地区，应根据当地相关规定实施雨水控制利用。

年径流总量控制率为55%、70%时对应的降雨量（日值）为设计控制雨量，参考表8-1。考虑到地理差异、气候变化的趋势和周期性，下表数据时效性有一定的局限，推荐采用最近30年的统计数据。如申报项目所在地已发布更有针对性或更新的统计结果，需按地方统计结果计算年径流总量控制率。

8 环境宜居

表 8-1 年径流总量控制率对应的设计控制雨量

城市	年均降雨量（mm）	年径流总量控制率对应的设计控制雨量（mm）	
		55%	70%
北京	527.4	11.9	19.4
长春	554.7	8.9	14.9
长沙	1417.5	11.7	18.5
成都	856	9.7	17.1
重庆	1247.3	11.2	18.7
福州	1370.4	12.7	20.1
广州	1753.9	15.7	25.2
贵阳	1015.5	11.2	18.4
哈尔滨	501.8	7.8	12.7
海口	1668.8	19.1	33.1
杭州	1411.2	11.3	17.8
合肥	970.0	11.1	18.0
呼和浩特	368.5	8.1	13.0
济南	677.1	14.1	23.2
昆明	928.9	9.9	15.7
拉萨	413.9	5.4	8.1
兰州	308	5.2	8.2
南昌	1587.6	14.2	22.8
南京	1053.8	12.5	20.5
南宁	1227.5	24.5	23.5
上海	1123.6	11.4	18.7
沈阳	676.1	10.9	17.5
石家庄	492.8	10.4	17.1
太原	404.4	8.3	13.5
天津	503.3	12.5	20.9
乌鲁木齐	269.4	5.0	7.8
武汉	1269.6	14.9	24.5
西安	512	7.9	12.5
西宁	365.8	5.3	8.0
银川	172.8	6.4	10.3
郑州	619.9	11.9	19.1

注：1 表中的统计数据年限为1983年～2012年，仅供参考，设计时可以使用各地海绵城市专项规划或者其他资料中更新的数据。

2 其他城市的设计控制雨量，可参考所列类似城市的数值，或依据当地降雨资料进行统计计算确定。

设计时应根据年径流总量控制率对应的设计控制雨量来计算确定雨水设施的控制容积，雨水设施的规模、布局和径流组织应确保服务范围内的径流能进入相应的设施。有条件时,可通过相关雨水控制利用模型进行设计计算;也可采用简单计算方法,通过设计控制雨量、场地综合径流系数、总汇水面积来确定项目雨水设施控制容积,再分别计算滞蓄、调蓄和收集回用等措施实现的控制容积,达到设计控制雨量对应的控制规模要求,即判定得分。

当雨水回用系统与雨水调蓄排放系统合用蓄水设施时,应采取措施保证雨水回用系统储水不影响雨水调蓄功能的发挥,具体详见第7.2.13条的条文说明第1款。

雨水控制设施规模的计算与设计,应按雨水控制设施或雨水管网外排接口的数量划分汇水分区,应与相应的汇水区域一一对应。当项目申报范围内不同汇水区域各自设置了不同雨水控制措施时,应对各汇水区域分别计算年径流总量控制率,再根据各汇水区域面积占项目总用地面积的比例加权平均计算项目总体的年径流总量控制率。

【具体评价方式】

本条适用于各类民用建筑的预评价、评价。

预评价查阅室外给水排水设计说明、室外雨水排水平面图(含汇水分区,雨水设施规模、布局,场地设施标高,道路雨水口,溢流雨水口接管、雨水管网外排接口等内容)、雨水利用设施工艺图或调蓄设施详图等室外给水排水专业设计文件,总平面竖向图、场地铺装平面图、种植图、雨水生态调蓄、处理设施详图等景观专业设计文件,年径流总量控制率计算书、设计控制雨量计算书、场地雨水综合利用方案等。重点审查场地雨水综合利用方案在设计文件中的落实情况。

评价查阅预评价涉及的竣工文件,年径流总量控制率计算书、设计控制雨量计算书、场地雨水综合利用设施的完工情况。重点审查场地雨水综合利用设计内容在项目现场的落实情况。

8.2.3 充分利用场地空间设置绿化用地,评价总分值为16分,并按下列规则评分:

1 住宅建筑按下列规则分别评分并累计:

　　1)绿地率达到规划指标105%及以上,得10分;

　　2)住宅建筑所在居住街坊内人均集中绿地面积,按表8.2.3的规则评分,最高得6分。

表8.2.3 住宅建筑人均集中绿地面积评分规则

人均集中绿地面积 A_g (m²/人)		得分
新区建设	旧区改建	
0.50	0.35	2
0.50<A_g<0.60	0.35<A_g<0.45	4
A_g≥0.60	A_g≥0.45	6

2 公共建筑按下列规则分别评分并累计:

　　1)公共建筑绿地率达到规划指标105%及以上,得10分;

8 环境宜居

2）绿地向公众开放，得6分。

【条文说明扩展】

第1款，依据国家标准《城市居住区规划设计标准》GB 50180-2018 第4.0.2、4.0.3、4.0.7条规定，绿地率是居住街坊内绿地面积之和占该居住街坊用地面积的比率（%）。绿地率可依据建设项目所在地规划行政主管部门核发的"规划条件"提出的控制要求作为"规划指标"进行核算，绿地的具体计算方法应符合国家标准《城市居住区规划设计标准》GB 50180-2018 附录A 第A.0.2条的规定。

> 《城市居住区规划设计标准》GB 50180-2018
> A.0.2 居住街坊内绿地面积的计算方法应符合下列规定：
> 1 满足当地植树绿化覆土要求的屋顶绿地可计入绿地。绿地面积计算方法应符合所在城市绿地管理的有关规定。
> 2 当绿地边界与城市道路临接时，应算至道路红线；当与居住街坊附属道路临接时，应算至路面边缘；当与建筑物临接时，应算至距房屋墙脚1.0m处；当与围墙、院墙临接时，应算至墙脚。
> 3 当集中绿地与城市道路临接时，应算至道路红线；当与居住街坊附属道路临接时，应算至距路面边缘1.0m处；当与建筑物临接时，应算至距房屋墙脚1.5m处。

集中绿地是指住宅建筑在居住街坊范围应配套建设、可供居民休憩、开展户外活动的绿化场地。集中绿地要求宽度不小于8m，面积不小于400m^2，应设置供幼儿、老年人在家门口日常户外活动的场地，并应有不少于1/3的绿地面积在标准的建筑日照阴影线（即日照标准的等时线）范围之外。

第2款，绿地率应依据建设项目所在地城乡规划行政主管部门核发的"规划条件"进行核算。本款第2项，对幼儿园、小学、中学、医院等建筑的绿地，评价时可视为向社会公众开放，可直接得相应分值。对没有可开放绿地的其他公共建筑建设项目，本项不得分。

需要说明的是，有些公共建筑的规划批复文件中没有对绿地提出定量的指标要求，但项目又设置了一定规模的绿地，此时无法依据第2款第1项进行绿地率提高比例的计算。对于这类公共建筑项目可以按下列规则进行得分评判：

1 当绿地率达到10%及以上时，可以得10分。
2 当绿地率低于10%时，可以按绿地规模进行评分并累计。单块绿地宽度不小于8m、面积不少于64m^2且总绿地面积达到400m^2时可得2分，每增100m^2，再得1分，满分为5分。屋顶绿化和垂直绿化是否计入绿地面积，可以按项目所在地主管部门的规定执行。

【具体评价方式】

本条适用于各类民用建筑的预评价、评价。宿舍建筑可按照本条第2款公共建筑进行评价。

预评价查阅规划许可证、建设用地规划许可证、当地园林绿化有关管理规定、建设项目规划设计总平面图、日照分析报告（涉及居住街坊集中绿地时）、绿地规划设计图及绿地率计算书、公共建筑项目绿地向社会开放实施方案。重点审核居住街坊集中绿地是否符合日照要求，实土绿地与覆土绿地的位置、面积、覆土深度等。

评价查阅预评价涉及内容的竣工文件，绿地率计算书或绿地面积计算书等相关计算分析文件，必要的实景影响资料。

8.2.4 室外吸烟区位置布局合理，评价总分值为9分，并按下列规则分别评分并累计：

1 室外吸烟区布置在建筑主出入口的主导风的下风向，与所有建筑出入口、新风进气口和可开启窗扇的距离不少于8m，且距离儿童和老人活动场地不少于8m，得5分；

2 室外吸烟区与绿植结合布置，并合理配置座椅和带烟头收集的垃圾桶，从建筑主出入口至室外吸烟区的导向标识完整、定位标识醒目，吸烟区设置吸烟有害健康的警示标识，得4分。

【条文说明扩展】

本条是与本标准第5.1.1条衔接的，通过"堵疏结合"，实现建筑室内禁烟。室外吸烟区需要避开室外人员密集区以及建筑出入口、雨篷等半开敞的空间、可开启窗户、建筑新风引入口、儿童和老年人活动区域等位置。吸烟区内需配置垃圾桶和吸烟有害健康的警示标识。对于居住区、大型公共建筑群等，可以根据场地条件，设置多个室外吸烟区。但吸烟区距离所有建筑出入口、新风进气口和可开启窗扇、儿童和老人活动场地的直线距离均不少于8m。

【具体评价方式】

本条适用于各类民用建筑的预评价、评价。对于幼儿园、中小学校，室外不设置吸烟区并且在显著位置设置禁烟标志，直接判定本条得分。对于其他类型建筑，如果场地也不适宜设置吸烟区，并且能提供证明的，也可以判定本条直接得分，但需要在室外显著位置设置禁烟标志。

预评价查阅建筑专业或景观专业总平面图，包括吸烟区布置情况、并明确设有座椅、带烟头收集的垃圾桶、有明确的导向、定位标识，且有明显的吸烟有害健康的警示标识；场地不适宜设立吸烟区的证明文件（对于幼儿园和中小学校之外的其他建筑）。

评价查阅预评价内容涉及的竣工文件，必要的现场影像资料等。

8.2.5 利用场地空间设置绿色雨水基础设施，汇集场地径流进入设施，有效实现雨水的滞蓄与入渗，评价总分值为15分，并按下列规则分别评分并累计：

1 下凹式绿地、雨水花园等有调蓄雨水功能的绿地和水体的面积之和占绿地面积的比例达到40%，得3分；达到60%，得5分；

2 衔接和引导不少于80%的屋面雨水进入设施，得3分；

3 衔接和引导不少于80%的道路雨水进入设施，得4分；

4 硬质铺装地面中透水铺装面积的比例达到 50%，得 3 分。

【条文说明扩展】

绿色雨水基础设施通常包括雨水花园、下凹式绿地、屋顶绿化、植被浅沟、雨水塘、雨水湿地、景观水体等。绿色雨水基础设施有别于传统的灰色雨水设施（雨水口、雨水管道、调蓄池等），能够以自然的方式削减雨水径流、控制径流污染、保护水环境。方案比选时，应遵循绿色设施优先、灰色设施优化的原则，充分利用场地空间条件，设置绿色雨水基础设施，通过场地竖向设计，有效组织场地地表径流进入绿色设施，实现场地雨水就地入渗。绿色雨水基础设施的规模、布局和径流组织应确保服务范围内的径流能进入相应的设施。

第 1 款，能调蓄雨水的景观绿地包括下凹式绿地、雨水花园、树池、干塘等。本款进行比例计算时，绿地面积为计入绿地率的绿地的面积，涉及面积折算时应遵循当地规划和园林部门的规定。下凹式绿地、雨水花园等雨水渗滞设施应能使雨水通过本身或与基层相通的渗水路径直接渗入下部土壤，且应设置溢流雨水口，溢流口标高应根据设施的雨水控制容积经计算确定，溢流雨水口和管道的排水能力应按设施收纳雨水的汇水面积和场地雨水设计重现期计算确定。场地竖向应合理设计室外广场、道路、绿地等的标高，设计应保证周边道路和场地的雨水能重力自流进入下凹绿地、雨水花园、树池、干塘等设施。

第 2、3 款分别针对屋面和道路。"设施"是指下凹式绿地、植草沟、树池等绿色雨水基础设施，即在地势较低的区域种植植物，通过植物截流、土壤过滤滞留处理小流量径流雨水，达到控制径流污染的目的。要求 80% 的屋面和道路排放的雨水采用断接方式。通过雨水断接、场地竖向组织等措施，引导屋面雨水和道路雨水进入绿色雨水基础设施进行调蓄、下渗和利用，保证雨水在滞蓄和排放过程中有良好的衔接关系，保障排入自然水体、景观水体或市政雨水管的雨水的水质、水量安全。承接屋面和道路排放雨水的绿色雨水基础设施的规模应结合雨水消纳能力计算确定，应能与其承接的汇水面积的雨水排水需求相匹配。屋面雨水采用断接形式时，需保证雨水能够畅通地进入绿色雨水基础设施。高层建筑屋面雨水断接时应采用设置消能井、卵石沟等消能措施避免对绿色雨水基础设施的冲击和破坏。住宅阳台雨水管采用断接时，设计及运行阶段应注意避免如洗衣废水等可能危害植物生长的排水接入雨水管，物业应定期检查并杜绝阳台洗衣废水接入雨水管的情况发生。

第 4 款，"硬质铺装地面"指场地中停车场、道路和室外活动场地等，不包括建筑占地（屋面）、绿地、水面、有大荷载要求的消防车道、展览馆的室外展区等。"透水铺装"指既能满足路用及铺地强度和耐久性要求，又能使雨水通过本身与铺装下基层相通的渗水路径直接渗入下部土壤的地面铺装系统，包括两种情况，采用透水铺装方式和采用透水铺装材料（植草砖、透水沥青、透水混凝土、透水地砖等）。

当透水铺装下为地下室顶板时，若地下室顶板上覆土深度能满足当地园林绿化部门要求且覆土深度不小于 600mm，并在地下室顶板设有疏水板及导水管等可将渗透雨水导入与地下室顶板接壤的实土，方可认定其为透水铺装地面。

【具体评价方式】

本条适用于各类民用建筑的预评价、评价。

预评价查阅项目场地竖向总平面图，汇水分区平面图，景观总平面及竖向图、场地铺装平面图、种植图、地面生态设施详图、雨水断接做法及室外雨水排水平面等景观专业设计文件，绿色雨水基础设施设计计算书（含设施的规模、汇入雨水量、设施滞蓄和入渗雨水的能力，下凹式绿地等的比例、屋面、场地雨水进入绿色雨水基础设施的比例、透水铺装面积比例等）。

评价查阅预评价涉及内容的竣工文件，绿地及透水铺装比例计算书。

Ⅱ 室外物理环境

8.2.6 场地内的环境噪声优于现行国家标准《声环境质量标准》GB 3096 的要求，评价总分值为 10 分，并按下列规则评分：

1 环境噪声值大于 2 类声环境功能区噪声等效声级限值，且小于或等于 3 类声环境功能区噪声等效声级限值，得 5 分。

2 环境噪声值小于或等于 2 类声环境功能区噪声等效声级限值，得 10 分。

【条文说明扩展】

本条是否得分，需要分两步进行判断：一是核对项目建设前，场地所处的声环境功能区的类别；二是项目建成后，场地的环境噪声等效声级是否高于建设前的声环境功能区噪声等效声级限值。因此，本条想要得分或得到满分，首先需要合理的选址作为基础，然后尽可能地采取措施来实现场地环境噪声控制，避免因建设不当而导致场地环境噪声增大。对于场地所处声环境功能区，可以在当地政府或生态环境主管部门的官网进行查询。各类声环境功能区的噪声限值详见现行国家标准《声环境质量标准》GB 3096。

另外，本条可以通过合理选址规划来实现高分值的评分，也可以通过设置隔声屏障、植物防护等方式进行降噪处理，从而得到相应分值。有研究表明，10m 左右宽的乔木林可实现噪声 5dB（A）的降低。

项目规划设计阶段，室外声环境模拟计算需要符合行业标准《民用建筑绿色性能计算标准》JGJ/T 449-2018 第 4.4 小节"环境噪声"的要求，分析专项报告的格式和主要内容应符合该标准附录 A 的规定。

《声环境质量标准》GB 3096-2008
　4　声环境功能区分类
　按区域的使用功能特点和环境质量要求，声环境功能区分为以下五种类型：
　0 类声环境功能区：指康复疗养区等特别需要安静的区域。
　1 类声环境功能区：指以居民住宅、医疗卫生、文化教育、科研设计、行政办公为主要功能，需要保持安静的区域。
　2 类声环境功能区：指以商业金融、集市贸易为主要功能，或者居住、商业、工业混杂，需要维护住宅安静的区域。
　3 类声环境功能区：指以工业生产、仓储物流为主要功能，需要防止工业噪声对周围环境产生严重影响的区域。

8 环境宜居

4类声环境功能区：指交通干线两侧一定距离之内，需要防止交通噪声对周围环境产生严重影响的区域，包括4a类和4b类两种类型。4a类为高速公路、一级公路、二级公路、城市快速路、城市主干路、城市次干路、城市轨道交通（地面段）、内河航道两侧区域；4b类为铁路干线两侧区域。

5.1 各类声环境功能区适用表1规定的环境噪声等效声级噪声。

表1 环境噪声限值　　　　　　　　单位：dB（A）

声环境功能区类别		时段 昼间	夜间
0类		50	40
1类		55	45
2类		60	50
3类		65	55
4类	4a类	70	55
	4b类	70	60

【具体评价方式】

本条适用于各类民用建筑的预评价、评价。

预评价查阅环评报告（含有噪声检测及预测评价）或独立的环境噪声影响测试评估报告、室外噪声模拟分析报告、室外声环境优化报告（噪声监测或模拟结果不满足得分要求时提供）、场地交通组织、规划总平面图、景观园林总平面图等设计文件，道路声屏障、低噪声路面等降噪施工图纸文件。

评价查阅预评价方式涉及的竣工验收文件，查阅场地环境噪声检测报告。对于采取降噪措施的项目，查阅室外噪声模拟分析报告及室外声环境优化报告，并重点查阅降噪措施的落实情况以及必要的现场影像资料。

8.2.7A 建筑室外照明及室外显示屏避免产生光污染，评价总分值为10分，并按下列规则分别评分并累计：

1 在居住空间窗户外表面产生的垂直照度不大于表8.2.7-1规定的最大允许值，得5分；

表8.2.7-1 居住空间窗户外表面的垂直照度最大允许值

照明技术参数	应用条件	环境区域		
		E2	E3	E4
垂直面照度 E_v（lx）	非熄灯时段	2	5	10
	熄灯时段	0*	1	2

注：* 对于公共（道路）照明灯具产生的影响，此值提高到1lx。

8.2 评 分 项

2 建筑室外设置的显示屏表面平均亮度不大于表8.2.7-2规定的限值，且车道和人行道两侧未设置动态模式显示屏，得5分。

表8.2.7-2 建筑室外设置显示屏表面平均亮度限值

照明技术参数	环境区域		
	E2	E3	E4
平均亮度（cd/m^2）	200	400	600

【条文说明扩展】

第1款，国家现行标准对于居住空间窗户外表面的垂直照度进行了规定。本款在现行标准的基础上，从降低夜景照明对居住空间干扰、进一步改善光环境的角度，提出了更严格的得分要求。需要强调的是，本款要求的垂直照度最大允许值是指工程竣工后在窗户外表面进行的检测值，而不是照明灯具的检测值。条文中的"居住空间"包括住宅及养老设施的卧室、宿舍、旅馆的客房等。"建筑室外"是指参评项目建设场地范围内，建设场地之外不在本条的评价范围内。

《建筑环境通用规范》GB 55016-2021

3.4.3 当设置室外夜景照明时，对居室的影响应符合下列规定：

1 居住空间窗户外表面上产生的垂直面照度不应大于表3.4.3-1的规定值。

表3.4.3-1 居住空间窗户外表面的垂直照度最大允许值

照明技术参数	应用条件	环境区域			
		E0区、E1区	E2区	E3区	E4区
垂直面照度 E_v (lx)	非熄灯时段	2	5	10	25
	熄灯时段	0*	1	2	5

注：* 当有公共（道路）照明时，此值提高到1lx。

《城市夜景照明设计规范》JGJ/T 163-2008

7.0.2 光污染的限制应符合下列规定：

1 夜景照明设施在居住建筑窗户外表面产生的垂直面照度不应大于表7.0.2-1的规定值。

表7.0.2-1 居住建筑窗户外表面产生的垂直面照度最大允许值

照明技术参数	应用条件	环境区域			
		E1区	E2区	E3区	E4区
垂直面照度（E_v）(lx)	熄灯时段前	2	5	10	25
	熄灯时段	0	1	2	5

注：1 考虑对公共（道路）照明灯具会产生影响，E1区熄灯时段的垂直面照度最大允许值可提高到1lx。

8 环境宜居

《室外照明干扰光限制规范》GB/T 35626-2017

5.1.2 住宅建筑居室窗户外表面的垂直照度限值不应超过表2的规定。

表2 住宅建筑居室窗户外表面上垂直面照度的限值 单位为勒克斯

时段	环境区域			
	E1	E2	E3	E4
熄灯时段前	2	5	10	25
熄灯时段	0	1	2	5

第2款，国家现行标准对建筑立面、标识面、户外媒体立面墙面以及LED显示屏表面等的亮度进行了规定。本款在国家现行标准的基础上，专门针对室外设置显示屏提出了更高要求，以此作为评分依据。

《室外照明干扰光限制规范》GB/T 35626-2017

5.7.2 媒体立面墙面的亮度限值不应超过表7的规定。

表7 媒体立面墙面亮度限值 单位为坎德拉每平方米

表面亮度（白光）	环境区域			
	E1	E2	E3	E4
表面平均亮度	—	8	15	25
表面最大亮度	—	200	500	1000

5.7.3 对特别重要的景观建筑墙体表面，或强调远观效果的对象，表7中数值可相应提高50%；对于使用动态效果的表面，限值应取表7中数值的1/2。

5.9.2 LED显示屏表面的平均亮度限值不应超过表8的规定。

表8 LED显示屏或媒体墙表面的平均亮度限值

单位为坎德拉每平方米

LED显示屏（全彩色）	环境区域			
	E1	E2	E3	E4
平均亮度	不宜设置	200	400	600

5.9.3 LED显示屏应配置调节亮度的功能，朝向住宅建筑窗户的垂直和水平方向的视张角不得大于15°。

5.9.6 住宅区内的显示屏不应设置动态模式，并应符合5.1的规定。

【具体评价方式】

本条适用于各类民用建筑的预评价、评价。对于场地内未设置室外夜景照明的项目，或者场地内设有室外夜景照明但参评项目及相邻建筑均为不设居住空间的非住宅项目，第1款直接得分。对于未设置室外显示屏的项目，第2款直接得分。

预评价查阅室外照明及显示屏的相关设计文件，居住空间窗户外表面垂直照度的模拟分析报告，显示屏的产品参数。

评价查阅预评价方式涉及的竣工验收文件，光污染分析报告，居住空间户外表面垂直照度的现场检测报告，显示屏产品的检测报告（含有表面亮度检测结果）。

8.2.8 场地内风环境有利于室外行走、活动舒适和建筑的自然通风，评价总分值为10分，并按下列规则分别评分并累计：

1 在冬季典型风速和风向条件下，按下列规则分别评分并累计：

　　1）建筑物周围人行区距地高1.5m处风速小于5m/s，户外休息区、儿童娱乐区风速小于2m/s，且室外风速放大系数小于2，得3分；

　　2）除迎风第一排建筑外，建筑迎风面与背风面表面风压差不大于5Pa，得2分。

2 过渡季、夏季典型风速和风向条件下，按下列规则分别评分并累计：

　　1）场地内人活动区不出现涡旋或无风区，得3分；

　　2）50%以上可开启外窗室内外表面的风压差大于0.5Pa，得2分。

【条文说明扩展】

室外风环境模拟分析专项报告的格式和主要内容应符合行业标准《民用建筑绿色性能计算标准》JGJ/T 449-2018附录A的规定。各季节的典型工况气象参数应优先选用现行行业标准《建筑节能气象参数标准》JGJ/T 346或当地规定的数据；当缺少当地对应的气象参数时，可按现行行业标准《民用建筑绿色性能计算标准》JGJ/T 449执行。

《民用建筑绿色性能计算标准》JGJ/T 449-2018

4.2.1 室外风环境计算应采用计算流体力学（CFD）方法，其物理模型、边界条件和计算域的设定应符合下列规定：

1 冬夏季节的典型工况气象参数应符合国家现行标准的有关规定，或可按本标准附录B执行；对不同季节，当存在主导风向、风速不唯一时，宜按现行国家标准《民用建筑供暖通风与空气调节设计规范》GB 50736或当地气象局历史数据分析确定。当计算地区没有可查阅气象数据时，可采用地理位置相近且气候特征相似地区的气候数据，并应在专项计算报告中注明。

2 对象建筑（群）顶部至计算域上边界的垂直高度应大于5H；对象建筑（群）的外缘至水平方向的计算域边界的距离应大于5H；与主流方向正交的计算断面大小的阻塞率应小于3%；流入侧边界至对象建筑（群）外缘的水平距离应大于5H，流出侧边界至对象建筑（群）外缘的水平距离应大于10H。

3 进行物理建模时，对象建筑（群）周边1H~2H范围内应按建筑布局和形状准确建模；建模对象应包括主要建（构）筑物和既存的连续种植高度不少于3m的乔木（群）；建筑窗户应以关闭状态建模，无窗无门的建筑通道应按实际情况建模。

4 湍流计算模型宜采用标准k-ε模型或其修正模型；地面或建筑壁面宜采用壁函数法的速度边界条件；流入边界条件应符合高度方向上的风速梯度分布，风速梯度分布幂指数（α）应符合表4.2.1的规定。

表4.2.1 风速梯度分布幂指数（α）

地面类型	适用区域	α	梯度风高度（m）
A	近海地区、湖岸、沙漠地区	0.12	300
B	田野、丘陵及中小城市、大城市郊区	0.16	350
C	有密集建筑的大城市市区	0.22	400
D	有密集建筑群且房屋较高的城市市区	0.30	450

5 流出边界条件应符合下列规定：

1) 当计算域具备对称性时，侧边界和上边界可按对称面边界条件设定；

2) 当计算域未能达到第2款中规定的阻塞率要求时，边界条件可按自由流入流出或按压力设定。

4.2.2 室外风环境计算的计算域网格应符合下列规定：

1 地面与人行区高度之间的网格不应少于3个；

2 对象建筑附近网格尺度应满足最小精度要求，且不应大于相同方向上建筑尺度的1/10；

3 对形状规则的建筑宜使用结构化网格，且网格过渡比不宜大于1.3；

4 计算时应进行网格独立性验证。

4.2.3 室外风环境计算内容应包括各典型季节的风环境状况，且应统计计算域内风速、来流风速比值及其达标情况。

【具体评价方式】

本条适用于各类民用建筑的预评价、评价。若只有一排建筑，本条第1款第2项直接得分。对于半下沉室外空间，本条也需进行评价。

预评价查阅项目总平面图、景观绿化及含园建总平面图等设计文件，室外风环境模拟分析报告。

评价查阅预评价方式涉及的竣工验收文件，室外风环境模拟分析报告，本项目及场地周边建筑物的实景影像资料。

8.2.9 采取措施降低热岛强度，评价总分值为10分，按下列规则分别评分并累计：

1 场地中处于建筑阴影区外的步道、游憩场、庭院、广场等室外活动场地设有遮阴措施的面积比例，住宅建筑达到30%，公共建筑达到10%，得2分；住宅建筑达到50%，公共建筑达到20%，得3分；

2 场地中处于建筑阴影区外的机动车道设有遮阴面积较大的行道树的路段长度超过70%，得3分；

3 屋顶的绿化面积、太阳能板水平投影面积以及太阳辐射反射系数不小于0.4的屋面面积合计达到75%，得4分。

8.2 评 分 项

【条文说明扩展】

本条是对参评项目为降低热岛强度而采取的措施的评分项，不能用热岛模拟报告来替代。

第1款，建筑阴影区为夏至日8:00～16:00时段在4h日照等时线内的区域。

户外活动场地遮阴面积＝乔木遮阴面积＋构筑物遮阴面积－建筑日照投影区内乔木与构筑物的遮阴面积

建筑日照投影遮阳面积指夏至日日照分析图中，8:00～16:00内日照时数不足4h的户外活动场地面积；乔木遮阴面积按照成年乔木的树冠正投影面积计算；构筑物遮阴面积按照构筑物正投影面积计算。对于首层架空构筑物，架空空间如果是活动空间，可计算在内。需要强调的是，室外活动场地不应包括机动车道和机动车停车场。

第2款，处于建筑阴影区之外的机动车道，夏季长时间遭受太阳暴晒而加剧热岛效应。实践证明，种植行道树能够有效降低热岛效应，同时提高项目的绿化效果和绿容率，一举多得。若项目结合场地条件和建设方案，在机动车道上设置有遮阴效果的相关设施，也可以视同种植了行道树。

第3款，计算分子为绿化屋面面积、屋面上安装的太阳能集热板或光伏板的水平投影面积、太阳光反射比不小于0.4的屋面面积三者之和；分母为屋面面积。

【具体评价方式】

本条适用于各类民用建筑的预评价、评价。

预评价，第1款查阅规划总平面图、乔木种植平面图、乔木苗木表等设计文件，日照分析报告，户外活动场地遮阴面积比例计算书；第2款查阅项目场地内道路交通组织、路面构造做法大样等设计文件，道路用热反射涂料性能检测报告（如有），机动车道遮阴及高反射面积比例计算书；第3款查阅屋面施工图、屋面做法大样等设计文件，屋面涂料性能检测报告（如有），屋面遮阴及高反射面积比例计算书。

评价查阅预评价方式涉及的竣工验收文件，第1款还查阅日照分析报告，户外活动场地计算书及遮阴面积比例计算书；第2款还查阅机动车行道遮阴比例计算书；第3款还查阅屋面太阳光射反射比检测报告（如有），屋面绿化、遮阳及高反射面积比例计算书。

9 提 高 与 创 新

9.1 一 般 规 定

9.1.1 绿色建筑评价时，应按本章规定对提高与创新项进行评价。

【条文说明扩展】

绿色建筑全寿命期内各环节和阶段，都有可能在技术、产品选用和管理方式上进行性能提高和创新。为了鼓励性能提高和创新，同时也为了合理处置一些引导性、创新性或综合性等的额外评价条文，本标准中将此类评价项目称为"加分项"。加分项包括规定性方向和可选方向两类，前者有具体指标要求，侧重于"提高"；后者则没有具体指标，侧重于"创新"。

9.1.2 提高与创新项得分为加分项得分之和，当得分大于100分时，应取为100分。

【条文说明扩展】

加分项的评定结果为某得分值或不得分，加分项最高可得100分。

9.2 加 分 项

9.2.1 采取措施进一步降低建筑供暖空调系统的能耗，评价总分值为30分。建筑供暖空调系统能耗比现行强制性工程建设规范《建筑节能与可再生能源利用通用规范》GB 55015的规定降低20%，得10分；每再降低10%，再得5分，最高得30分。

【条文说明扩展】

本条是在第7.2.4、7.2.8条基础上的进一步提高。提高方式既包括提升建筑围护结构热工性能，也包括提高供暖空调系统及设备能效。本条可与第7.2.4、7.2.8条同时得分。需要注意的是：

(1) 本条仅针对供暖空调系统能耗，不包括照明系统能耗。

(2) 参照建筑的围护结构应取现行强制性工程建设规范《建筑节能与可再生能源利用通用规范》GB 55015规定的建筑围护结构的热工性能参数，其室内设计参数、模拟参数等仍与设计建筑的设置保持一致。

(3) 对于投入使用满1年的项目，实际建筑供暖空调系统的能耗应采用实际运行数据。

9.2 加 分 项

【具体评价方式】

本条适用于各类民用建筑的预评价、评价。

预评价查阅建筑热工、供暖空调专业的设计说明、施工图、设备材料表等设计文件，暖通空调能耗模拟计算书及节能率计算报告。

评价查阅预评价涉及内容的竣工文件，暖通空调能耗模拟计算书及节能率计算报告。投入使用满1年的项目，尚应查阅暖通空调能耗运行数据、电耗账单等相关文件。

9.2.2 A 因地制宜建设绿色建筑，评价总分值为30分，并按下列规则分别评分并累计：

1 传承建筑文化，采用适宜地区特色的建筑风貌设计，得15分；
2 适应自然环境，充分利用气候适应性和场地属性进行设计，得7分；
3 利用既有资源，合理利用废弃场地或充分利用旧建筑，得8分。

【条文说明扩展】

本条在本标准2019版第9.2.2条、第9.2.3条基础上发展而来。本条所指"因地制宜"是指在前述条文基础上，进一步传承当地建筑文化、创新利用自然环境、充分利用场地既有资源的设计。

第1款，强调对不同地域建筑的文化保护、传承与设计。强制性工程建设规范《城乡历史文化保护利用项目规范》GB 55035-2023对历史传承提出了具体要求。

> 《城乡历史文化保护利用项目规范》GB 55035-2023
>
> 2.1.1 城乡历史文化保护利用应划定各类保护对象的保护范围，明确保护与利用要求，制定保护措施。当不同类别保护对象的保护范围出现重叠时，应按其中较为严格的控制要求执行。
>
> 2.1.2 历史文化名城应根据城镇历史演变和现状风貌保存状况，将城镇中能体现其历史发展过程或某一发展时期风貌的地区划定为历史城区，保护和延续传统格局和历史风貌。
>
> 2.1.3 历史文化名镇名村的保护范围应包括核心保护范围和建设控制地带。历史文化名镇名村内传统格局和历史风貌较为完整、历史建筑和传统风貌建筑集中成片的地区应划为核心保护范围，在核心保护范围之外应划定建设控制地带。
>
> 2.1.4 历史文化街区的保护范围应包括核心保护范围和建设控制地带。历史文化街区内历史风貌较为完整、历史建筑和传统风貌建筑集中成片的地区应划为核心保护范围，在核心保护范围之外应划定建设控制地带。历史文化街区核心保护范围面积不应小于$1hm^2$。
>
> 2.1.5 历史地段的保护范围内应保存较为完整的传统格局和较好的历史风貌。
>
> 2.1.6 历史建筑的保护范围应包括历史建筑本身和必要的风貌协调区。

建筑是一个地区传统文化同地域环境特色相结合的产物，是当地历史文脉及风俗传统的重要载体。采用具有地区特色的建筑设计原则和手法，为传承传统建筑风貌，让建筑能更好地体现地域传统建筑特色。对场地内的历史建筑和传统风貌建筑进行保护和利用，也属于本条规定的传承建筑文化的范畴。再根据国家标准《历史文化名城保护规划标准》GB/T 50357-2018，历史建筑是经城市、县人民政府确定公布的具有一定保护价值，能够反映历史风貌和地方特色的建筑物、构筑物。传统风貌建筑是除文物保护单位、历史建筑外，具有一定建成历史、对历史地段整体风貌特征形成具有价值和意义的建筑物、构筑物。应采用适度的保护利用措施，避免历史建筑价值和特征要素的损伤和改变。

第2款，强调创新利用及融合自然场地或生态环境，充分利用气候条件和场地禀赋进行建筑布局、形式、表皮和内部空间设计，并明显提升两个方面以上的绿色性能。如依山就势设计半地下空间，既减少土方开挖，又可充分利用自然采光与通风；如通过设计将建筑与自然水体融合，既保护原有生态环境，又营造良好的微环境。如设计采用可变外墙，南方地区设计应用本土绿化植物作为外围护结构构造的外表皮—可生长植物外墙，既具有景观绿化效果，又具有遮阳隔热、降尘降噪、生态修复的作用，设计维护得当时耐久性不亚于传统外墙饰面；严寒地区，则可设计应用冰墙，入冬浇水结冰成墙，提升保温性能，天暖后冰墙融化也不影响使用；场地太阳能资源丰富的，设计采用光伏/光热外墙一体化设计；采用其他具有气候适应性的新型墙体材料。所采取的技术措施若适用于本标准其他条文且得分，本款不重复得分。

第3款，强调对废弃场地和旧建筑的充分利用。我国城市可建设用地日趋紧缺，对废弃场地进行改造并加以利用是节约集约利用土地的重要途径之一。利用废弃场地进行绿色建筑建设，在技术难度、建设成本方面都需要付出更多努力和代价。因此，对于优先选用废弃场地的建设理念和行为进行鼓励。绿色建筑可优先考虑合理利用废弃场地，对土壤中是否含有有毒物质进行检测与再利用评估，采取土壤污染修复、污染水体净化和循环等生态补偿措施进行改造或改良，确保场地利用不存在安全隐患，符合国家有关标准的要求。本款所指的旧建筑，是在建筑剩余工程年限内能确保安全使用的既有建筑。对于一些从技术经济分析角度不可行，但出于保护文物或体现风貌而留存的历史建筑，不在本款中得分。

【具体评价方式】

本条适用于各类民用建筑的预评价、评价。

预评价查阅建设项目建筑专业施工图及设计说明文件，专项分析论证报告，规划设计总平面图、建筑、结构专业设计说明等设计文件，环评报告，旧建筑利用专项报告等。

评价查阅预评价涉及内容的竣工文件，专项分析论证报告，影像资料等其他相关资料，环评报告，旧建筑利用专项报告，必要的检测报告。

9.2.3A 采用蓄冷蓄热蓄电、建筑设备智能调节等技术实现建筑电力交互，评价总分值为20分。用电负荷调节比例达到5%，得5分；每再增加1%，再得1分，最高得20分。

【条文说明扩展】

建筑电力交互（Grid Interactive Building，GIB）是指应用信息通信技术和负荷调控技术，使建筑电力用户具备响应电网调峰、调频、备用等各类调度指令，实现电力供给侧与需求侧动态平衡的建筑用能管理技术。在一些研究中也有电网交互节能建筑（Grid-interactive Efficient Building，GEB）的说法，两者在核心概念上一致，区别是后者突出强调了建筑节能，考虑到绿色建筑的建筑节能要求已经在现有节能标准要求的基础上进行了提高，因此，本条不再重复强调建筑节能。

建筑电力交互系统一般由建筑能耗管理系统和建筑可调节设备（包括产能装置、储能设施、调节装置以及用电设备等）构成。其中建筑能耗管理系统（或称为建筑能源管理系统）起到实时监测、数据分析和自动化调节控制的作用，结合智能电网接口，可实现建筑与电网的实时数据交换。建筑可调节设备可以分为四类，分别是产能装置、储能设施、调节装置以及用电设备。产能装置包含太阳能光热、太阳能光伏、热泵等在建筑本体或场地内建设的能够产生能源供应的装置；储能设施包含蓄冷蓄热蓄电，用于存储可再生能源产生的电力或热力；调节装置包含建筑自动化系统（BAS），将照明、空调、通风、电梯等系统集成起来，通过传感器和执行器进行调控；用电设备包含建筑内供暖、制冷、通风、照明等各类用电设备。狭义的建筑电力交互仅指对建筑用电进行调节，蓄能设施一般仅指蓄电这个类型，但考虑到建筑电气化仍处于提高过程，部分建筑供热制冷的能源也是电力，因此本条将蓄能类型放宽至包含蓄冷蓄热。

在具体实施方面，可独立或混合采用以下三种方式：

（1）设置蓄能设施

蓄能设施包含蓄电、蓄冷、蓄热，具体技术路径可以根据实际工程条件选择一种或多种组合。除蓄电外，蓄冷、蓄热也可以在用能高峰时段满足建筑的冷、热负荷需求（释放的蓄冷或蓄热量），可根据制冷制热系统的性能系数将这部分替换的冷热负荷转化为用电负荷，再与该时段的总用电负荷进行比较。

（2）设置具备 BVB 技术的充电桩

BVB（Building to Vehicle to Building，建筑电动车交互）技术是通过在建筑用地范围内设置的充电桩使用建筑供电线路为电动车充电，在需要的时候通过充电桩从电动车取电，从而实现建筑用电与电动车充放电耦合的技术。安装有 BVB 技术充电桩的建筑，当电动汽车不使用时，可将车载电池的电能反向输出给建筑用电系统。在一些场合，BVB 技术还有其他的表述方式，如 V2B（Vehicle to Building）、V2G（Vehicle to Grid）。

（3）应用建筑能源管理技术

采用建筑管理系统在确保满足建筑基本使用功能需求的前提下，调节使用行为以削减建筑用电负荷，常见方式包括利用建筑围护结构和室内设备设施的热惰性以及对舒适度变化的容忍程度延迟或提前用电需求，或者通过智能化联动技术进行需求联动（如新风联动 CO_2、照明联动天然采光等），降低用电高峰负荷。对室内舒适度的影响在设计阶段可通过模拟分析进行预测，在运行阶段应通过室内环境监测系统进行监控。由于人工调控不确定性大，本条所说的建筑管理系统特指采用了智能化能源管理系统，可基于监测结果进行智能调节。

虚拟电厂（Virtual Power Plant，VPP）是一种通过先进的控制、通信和计量技术，将多个分布式能源资源聚合起来，作为一个整体参与电力市场运作和电网调度的系统。在北京、上海、浙江、广东等多个省市已经启动了虚拟电厂的相关奖励政策，将分布式储能、充电桩与电网联动、建筑需求侧响应纳入虚拟电厂核心资源。具备需求侧响应能力的建筑是虚拟电厂建设的重要组成部分。因此，虚拟电厂可以视为是电力交互建筑的一个更

9 提高与创新

高层次的应用和发展方向。

建筑用电负荷调节比例是指建筑用电负荷高峰时段内主动减少的负荷需求与高峰时段计划用电负荷的比值。用电高峰时段内部参与调节时的基线负荷,设计阶段可结合项目所在地的气象参数通过模拟分析方式确定;运行阶段应根据能耗监测系统的记录数据,取夏季或冬季连续多日相应时刻的平均负荷作为比较基准,不同的建筑功能类型应注意用能特点差异,如办公建筑周末用能需求小,应取连续的五个工作日,而商业建筑周末用能需求大,但两日的平均负荷可能数据统计量不足,可取连续的七个日历日。

建筑用电负荷调节比例按照式(9-1)~(9-3)计算。

$$\delta = \frac{\Delta P_{\max}}{P_0(t)} \times 100\% \tag{9-1}$$

$$\Delta P_{\max} = \max\{|\Delta P(t)|, |\Delta P(t+1)|, \cdots, |\Delta P(t+T)|\} \tag{9-2}$$

$$\Delta P(t) = P_0(t) - P(t) \tag{9-3}$$

式中:δ——建筑用电负荷调节比例;

$\Delta P_{\max}$——用电高峰时段内减少的用电负荷的最大值,kW;

$\Delta P(t)$——用电高峰时段内 t 时刻减少的用电负荷,kW;

$P(t)$——用电高峰时段内 t 时刻的实际功率,kW;

$P_0(t)$——用电高峰时段内 t 时刻不参与调节时的基线负荷,kW;

T——负荷持续调节时间,h。

【具体评价方式】

本条适用于各类民用建筑的预评价、评价。

预评价查阅电气专业施工图、建筑电力交互系统相关设计文件(光伏、储能、智能化控制)、建筑用电负荷调节比例计算书。

评价查阅电气专业竣工图、建筑电力交互系统相关设计和验收文件(光伏、储能、智能化控制)、电力交互系统的运行记录、储能设施的使用与维护记录、建筑用电负荷调节比例计算书。

9.2.4A 采取措施提升场地绿容率,评价总分值为5分,并按下列规则评分:

1 场地绿容率计算值,不低于1.0,得1分;不低于2.0,得2分;不低于3.0,得3分。

2 场地绿容率实测值,不低于1.0,得2分;不低于2.0,得4分;不低于3.0,得5分。

【条文说明扩展】

绿容率是指场地内各类植被叶面积总量与场地面积的比值,是十分重要的场地生态评价指标,虽无法全面表征场地绿地的空间生态水平,但可作为绿地率的有效补充。其中,场地面积是指项目红线内的总用地面积。

第1款,绿容率可采用如下公式计算:

绿容率=[∑(乔木叶面积指数×乔木投影面积×乔木株数)+灌木占地面积×3+草地占地面积×1]/场地面积

其中,冠层稀疏类乔木叶面积指数按2取值,冠层密集类乔木叶面积指数按4取值

(纳入冠层密集类的乔木需提供相似气候区该类苗木的图片说明);乔木投影面积按苗木表数据计算,可按设计冠幅中间值进行取值;场地内的立体绿化如屋面绿化和垂直绿化均可纳入计算。

鼓励有条件地区采用当地建设主管部门认可的常用植物叶面积调研数据进行绿容率计算,采用此方法计算时需注明资料来源。

第2款,可提供以实际测量数据为依据的绿容率测量报告。测量时间可选择全年叶面积较多的季节,对乔木株数、乔木投影面积(即冠幅面积)、灌木和草地占地面积、各类乔木叶面积指数等进行实测。

【具体评价方式】

本条适用于各类民用建筑的预评价、评价。

预评价查阅绿化种植平面图、苗木表等景观设计文件,绿容率计算书。重点审核面积计算或测量是否合理,叶面积指数取值是否符合要求,叶面积测量是否符合要求。

评价查阅预评价涉及内容的竣工文件,还查阅绿容率计算书或植被叶面积测量报告,当地叶面积调研数据(如有)等证明材料。

9.2.5 采用符合工业化建造要求的结构体系与建筑构件,评价分值为10分,并按下列规则评分:

1 主体结构采用钢结构、木结构,得10分。

2 主体结构采用混凝土结构,地上部分预制构件应用混凝土体积占混凝土总体积的比例达到35%,得5分;达到50%,得10分。

【条文说明扩展】

第1款鼓励主体结构采用钢结构或木结构。竖向与水平受力构件采用钢柱、钢梁(楼面采用混凝土楼面)或木柱、木梁,可得10分;采用钢管混凝土等符合工业化建造要求的钢-混凝土组合结构,以及钢管混凝土柱-钢筋混凝土核心筒的框架核心筒混合结构且楼盖为钢-混凝土组合楼盖时,也可得10分;结构墙柱或梁采用型钢混凝土(即混凝土包钢)等因需设置模板而不符合工业化建造特征的,不属于本条评分范围之列。

第2款鼓励混凝土结构中采用装配式预制混凝土构件,特别是现场施工难度大,质量难以保证的构件,如混凝土凸窗等。对于混凝土结构(包括混合结构)的预制构件混凝土体积计算,其计算按下列规则进行:

(1) 水平构件,无竖向立杆支撑的叠合楼盖,其现浇混凝土部分可按预制构件考虑,其他叠合楼盖的现浇混凝土部分0.8倍折算为预制构件;

(2) 竖向剪力墙构件,预制剪力墙的边缘构件现浇部分可按预制构件考虑,叠合剪力墙的现浇混凝土部分可按0.8倍折算为预制构件,膜壳墙的现浇混凝土部分可按0.5倍折算为预制构件;

(3) 竖向结构柱,预制柱可按预制构件考虑,预制空心柱的现浇混凝土部分可按0.8倍折算为预制构件;钢管混凝土柱可按总体积计入预制构件考虑;

(4) 预制构件连接节点的现浇混凝土部分可按预制构件考虑。

计算时,分子为主体结构地上部分预制构件应用混凝土体积之和,分母为主体结构地上部分混凝土总体积。

【具体评价方式】

本条适用于各类民用建筑的预评价、评价。

预评价查阅结构专业设计说明、平立剖图、构件详图、节点详图、大样图、楼梯详图、设计计算书等设计文件，第2款还应查阅预制构件体积统计和占比计算书。设计文件还包括：钢结构的楼梯详图；木结构的屋架、檩条、拉条、支撑等布置图；装配式混凝土结构的预制构件设计总说明等。

评价查阅预评价涉及内容的竣工文件，还包括工程竣工质量报告、工程概况表、设计变更文件等，第2款还应查阅预制构件体积统计和占比计算书。

9.2.6 应用建筑信息模型（BIM）技术，评价总分值为15分。在建筑的规划设计、施工建造和运行维护阶段中的一个阶段应用，得5分；两个阶段应用，得10分；三个阶段应用，得15分。

【条文说明扩展】

建筑信息模型（Building Information Model，BIM）是集成了建筑工程项目各种相关信息的工程数据模型，可使设计人员和工程人员能够对各种建筑信息作出正确的应对，实现数据共享并协同工作。在建筑工程建设的各阶段支持基于BIM的数据交换和共享，可以极大地提升建筑工程信息化整体水平，工程建设各阶段、各专业之间的协作配合可以在更高层次上充分利用各自资源，有效地避免由于数据不通畅带来的重复性劳动，大大提高整个工程的质量和效率，并显著降低成本。因此，BIM应用一方面应实现全专业涵盖，至少包含规划、建筑、结构、给水排水、暖通、电气等6大专业相关信息，另一方面应实现同一项目不同阶段的共享互用。当在两个及以上阶段应用BIM时，应基于同一BIM模型开展，否则不认为在多个阶段应用了BIM技术。

《住房城乡建设部关于印发推进建筑信息模型应用指导意见的通知》（建质函〔2015〕159号）明确了建筑的设计、施工、运维等阶段应用BIM的工作重点内容。其中，规划设计阶段主要包括：①投资策划与规划，②设计模型建立，③分析与优化，④设计成果审核；施工阶段主要包括：①BIM施工模型建立，②细化设计，③专业协调，④成本管理与控制，⑤施工过程管理，⑥质量安全监控，⑦地下工程风险管控，⑧交付竣工模型；运营维护阶段主要包括：①运营维护模型建立，②运营维护管理，③设备设施运行监控，④应急管理。评价时，规划设计阶段和运营维护阶段BIM分别应至少涉及2项重点内容应用，施工阶段BIM应至少涉及3项重点内容应用，方可得分。

【具体评价方式】

本条适用于各类民用建筑的预评价、评价。

预评价查阅相关设计文件、BIM技术应用报告。

评价查阅预评价涉及内容的竣工文件、BIM技术应用报告。重点审核BIM应用在不同阶段、不同工作内容之间的信息传递和协同共享。

9.2.7A 采取措施降低建筑全寿命期碳排放强度，评价总分值为30分。降低

9.2 加分项

10%，得 10 分；每再降低 1%，再得 1 分，最高得 30 分。

【条文说明扩展】

绿色建筑具有显著的综合减碳效果，这是绿色建筑的内涵与评价体系的构成所共同决定的。在定义上，绿色建筑强调："在全寿命期内，节约资源、保护环境、减少污染，为人们提供健康、适用、高效的使用空间，最大限度地实现人与自然和谐共生的高质量建筑"，即从建筑这一产品的生命周期出发，统筹考虑对资源环境的影响；在评价体系上，绿色建筑通过安全耐久、健康舒适、生活便利、资源节约、环境宜居以及提高与创新完整覆盖了建筑设计、建材选用、建筑施工、运行使用等各环节的绿色低碳实践要求。因此，要量化绿色建筑的综合减碳效果就必须从建筑全寿命期碳排放分析着手，这在本标准第3.2.8条有所体现，本条要求在分析的基础上，采取有效措施，进一步降低建筑全寿命期碳排放强度。

建筑全寿命期碳排放强度是指采用建筑全寿命期碳排放分析（$LCCO_2$）方法计算得出的建筑碳排放总量与建筑面积和建筑设计使用年限的比值，单位符号是 $kgCO_2/(m^2 \cdot a)$。全寿命期碳排放分析可参考 ISO 21930-2017《建筑和土木工程的可持续性——建筑产品和服务的环境产品声明的核心规则》的分析框架和质量要求，我国现行国家标准《建筑碳排放计算标准》GB/T 51366 也基本涵盖了全寿命期碳排放分析所要求的建材生产、施工建造、运行使用、报废拆除这四个阶段，并提供了计算所需参数的缺省值，这些内容可以作为降低建筑全寿命期碳排放强度对比分析的基准建筑碳排放的计算条件，基准建筑在形状、大小、内部空间划分以及使用功能方面与设计建筑完全一致。在进行碳排放计算时，基准建筑和设计建筑都需要注意数据的完整性、准确性、一致性和及时性，此外，还需要认识到全寿命期碳排放分析是一种系统性的分析方法，其本身具有动态性。当建筑发生设计变更或运行使用的设定工况发生改变时，全寿命期碳排放分析的结果也会发生变化，但这并不影响在建筑全寿命期的不同时间节点对建筑碳排放情况进行分析。

降低建筑全寿命期碳排放的措施，可归纳为减源、增汇、替代 3 类。减源，即减少化石能源、建筑材料等资源的消耗，通过建筑节能和低碳建材来减少能源资源消耗进而减少碳排放量；增汇，主要是加强生态系统管理，例如加强保护和增加项目区域内的乔木数量，抵消建筑产生的碳排放；替代，利用水电、风能和太阳能、生物质能及地热能等可再生能源替代化石能源。

对于预评价，计算设计建筑的隐含碳时，建材和施工部分的材料和能源用量应根据建筑设计施工图和工程量概算清单计算，其中建材部品、建筑设备在建筑设计使用寿命内的更换次数应根据选用建材的耐久性检测结果进行估算（舍尾取整），建材部品、建筑设备的碳排放因子应选取能够体现产品碳排放特征的碳足迹数据，或具备时效性的碳排放因子数据库；计算设计建筑的运行碳时应根据项目设计情况，依据现行强制性工程建设规范《建筑节能与可再生能源利用通用规范》GB 55015 进行建筑能耗模拟，考虑能源碳排放因子后计算得出。

对于评价，计算建筑的隐含碳时，建材和施工部分的材料和能源用量应根据建筑设计竣工图和工程量决算清单计算。做过预评价的项目，可在设计阶段全寿命期隐含碳排放计算结果的基础上进行修正，当修正前后数据变动较大时，应对变动原因进行分析。计算建筑运行碳时应根据建筑实际运行使用产生能耗数据进行分析。

9 提高与创新

【具体评价方式】

本条适用于各类民用建筑的预评价、评价。

预评价查阅相关设计文件、工程量概算清单、建筑全寿命期碳排放分析报告、低碳建材碳足迹报告。

评价查阅相关竣工图、工程量决算清单、建筑全寿命期碳排放分析报告、低碳建材碳足迹报告。

9.2.8 按照绿色施工的要求进行施工和管理，评价总分值为20分，并按下列规则分别评分并累计：

  1 单位工程单位面积的用电量比定额节约10%以上，得4分；

  2 采取措施加强建筑垃圾回收再利用，建筑垃圾回收利用率不低于50%，得4分；

  3 采取措施减少预拌混凝土损耗，损耗率降低至1.0%，得4分；

  4 采取措施减少现场加工钢筋损耗，损耗率降低至1.5%，得4分；

  5 现浇混凝土构件采用高周转率、免抹灰的新型模架体系，得4分。

【条文说明扩展】

绿色施工通过实施降低消耗、减少材料损耗、提高资源利用效率等措施，可有效减少对环境的负面影响，降低施工阶段碳排放。在我国国家标准层面，先后颁布实施了《建筑工程绿色施工规范》GB/T 50905-2014、《建筑与市政工程绿色施工评价标准》GB/T 50640-2023等标准。

> 《建筑工程绿色施工规范》GB/T 50905-2014
> 2.0.1 绿色施工
>   在保证质量、安全等基本要求的前提下，通过科学管理和技术进步，最大限度地节约资源，减少对环境负面影响，实现节能、节材、节水、节地和环境保护（"四节一环保"）的建筑工程施工活动。

第1款，电力消耗是施工阶段碳排放的主要来源之一，有效控制施工用电对于减少碳排放、推动绿色低碳施工具有重要意义。项目单位面积用电量受所处地区、建筑类别、施工工期等因素影响较大，很难有统一数据，但定额用电量仍是项目用电量的主要依据，施工中应有所节约。应制定每月用电计划，记录项目分部分项工程实际用电量。根据定额用电量，计算实际用电量比定额用电量的节约率 r_e，$r_e = \{[定额用电量（q_e）－实际用电量（u_e）]/定额用电量（q_e）\} \times 100\%$。

> 《建筑与市政工程绿色施工评价标准》GB/T 50640-2023
> 5.3.9 单位工程单位建筑面积的用电量宜比定额节约10%以上。
> 4.3.6 建筑垃圾回收利用率宜达到50%。

第2款，建筑垃圾回收再利用既节约资源，又减少碳排放、保护环境，是绿色低碳施工的重要措施。建筑垃圾再利用分现场再利用和运出现场交由第三方回收再利用两种。其中现场再利用建筑垃圾根据直接利用还是加工后利用可分为直接再利用和加工后再利用两种，根据用途可分为建筑本体的永久性再利用和用于临时设施的临时性再利用。回收再利用分类如下图所示。

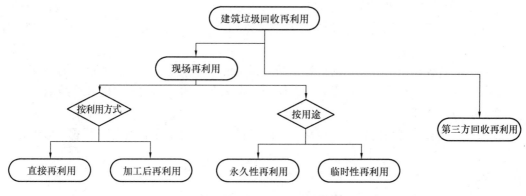

图 9-1 建筑垃圾回收再利用分类

直接再利用如短钢筋用来焊接地沟盖板等，加工后再利用如混凝土类建筑垃圾粉碎后用于制砖等。

用于建筑本体的永久性再利用如利用混凝土类建筑垃圾制成成品砌体，用于地下室隔墙砌筑等，用于临时设施的临时性再利用如利用短钢筋头和零星混凝土浇筑装配式混凝土临时路面等。用于临时设施的临时性再利用宜采取措施增加相关设施的可周转性，使相关设施可在多个工地周转使用。

建筑垃圾回收再利用率可按下式计算：

回收再利用率＝[(现场再利用量＋第三方回收再利用量)/建筑垃圾总量]×100%

(9-4)

建筑垃圾总量可按下式统计：

建筑垃圾总量＝现场再利用量＋第三方回收再利用量＋外运量　　(9-5)

拆除深基坑混凝土内支撑产生的混凝土建筑垃圾在计算建筑垃圾回收再利用率时应参与统计。建筑材料包装物作为一类特殊的建筑垃圾，一般为纸质、塑料或木质等具有可回收可循环特性的材料，所以要求100%进行回收和再利用。

第3款，预拌混凝土损耗率控制是减少混凝土损耗、降低混凝土消耗量的重要手段。大量工程经验表明，通过合理的组织设计、精细化的管理和科学的施工方法，可以有效控制预拌混凝土的损耗率，并将损耗率降低至1.0%以下。

预拌混凝土损耗率可按下式计算：

预拌混凝土损耗率＝[(预拌混凝土进货量－工程需要预拌混凝土理论量)/
工程需要预拌混凝土理论量]×100%　　(9-6)

其中，预拌混凝土进货量依据预拌混凝土进货单或其他有关证明材料，工程需要预拌混凝土理论量为业主给出的按施工图计算的预拌混凝土工程量计算单中预拌混凝土的合计量。

第4款，钢筋是混凝土结构建筑的大宗消耗材料，建筑施工中普遍存在钢筋浪费等问题。大量工程经验表明，通过采取优化钢筋配料计划、提高加工精度、加强现场管理等一系列措施，可以显著减少现场加工钢筋的损耗，将损耗率降至1.5%以下。

现场加工钢筋损耗率可按下式计算：

现场加工钢筋损耗率＝[(钢筋进货量－工程需要钢筋理论量)/工程需要钢筋理论量]×100%

(9-7)

现场加工钢筋损耗率的基础资料是钢筋工程量清单、钢筋用量结算清单、钢筋进货单或其他有关证明材料。其中，工程需要钢筋理论量为业主给出的按施工图计算的钢筋工程量清单中钢筋的合计量。

第5款，要求采用高周转率、免抹灰的新型模架体系的墙面面积应占混凝土总墙面面积的30%以上。

【具体评价方式】

本条适用于各类民用建筑的评价。

评价，第1款查阅部分分项工程用电量统计表、工程用电量汇总表、工程定额用电量计算材料、电费缴纳单据，以及根据此计算的用电量节约率计算书；第2款查阅建筑垃圾现场再利用统计表及相关计算书，建筑垃圾第三方回收再利用统计表及第三方回收企业资质证明、委托回收合同、双方往来台账，建筑垃圾外运统计表及运输公司委托合同、双方往来台账，现场建筑垃圾统计表及根据该表计算的建筑垃圾回收利用率计算书，绿色施工组织设计、绿色施工方案等对建筑材料包装物回收利用率的相关要求，现场照片或影像资料；第3款查阅预拌混凝土供货合同、预拌混凝土进货单、预拌混凝土用量结算清单，预拌混凝土损耗率计算书；第4款查阅钢筋进货单、钢筋用量结算清单、现场钢筋加工的钢筋工程量清单，现场加工钢筋损耗率计算书；第5款查阅模架工程施工方案、施工日志、技术交底文件及施工现场影像资料，高周转免抹灰墙面占比计算书。

9.2.9 采用建设工程质量潜在缺陷保险产品或绿色建筑性能保险产品，评价总分值为30分，并按下列规则分别评分并累计：

1 建设工程质量潜在缺陷保险承保范围包括地基基础工程、主体结构工程、屋面防水工程和其他土建工程的质量问题，得10分；

2 建设工程质量潜在缺陷保险承保范围包括装修工程、电气管线、上下水管线的安装工程，供热、供冷系统工程的质量问题，得10分；

3 具有绿色建筑性能保险，得10分。

【条文说明扩展】

对于第1款和第2款，强调采用建设工程质量潜在缺陷保险产品。建设工程质量潜在缺陷保险（Inherent Defect Insurance，IDI），是指由建设单位（开发商）投保的，在保险合同约定的保险范围和保险期限内出现的，由于工程质量潜在缺陷所造成的投保工程的损坏，保险公司承担赔偿保险金责任的保险。它由建设单位（开发商）投保并支付保费，保

9.2 加 分 项

险公司为建设单位或最终的业主提供因房屋缺陷导致损失时的赔偿保障。建设工程保险在国际上已经是一种较为成熟的制度，比如法国的潜在缺陷保险（IDI）制度、日本的住宅性能保证制度等。

该保险是一套系统性工程，首先通过建立统一的工程质量潜在缺陷保险信息平台，将企业的诚信档案、承保信息、风险管理信息和理赔信息等录入，通过以上信息进行费率浮动，促使参建各方主动提高工程质量。同时，独立于建设单位和保险公司的第三方质量风险控制机构，从方案设计阶段介入，对勘察、设计、施工和竣工验收阶段全过程进行技术风险检查，提前识别风险，公平公正地监督工程质量，有效地降低质量风险。

这类保险一般承保工程竣工验收之日起一定年限（如10年）之内因主体结构或装修设备构件存在缺陷发生工程质量事故而给消费者造成的损失，通过保险产品公司约束开发商必须对建筑质量提供一定年限的长期保证，当建筑工程出现了保证书中列明的质量问题时，通过保险机制保证消费者的权益。通过推行建设工程质量保险制度，提高建设工程质量的把控力度。

工程质量潜在缺陷责任保险的基本保险范围包括地基基础工程、主体结构工程以及防水工程，对应本条第1款得分要求。除基本保险外，建设单位还可以投保附加险，其保险范围包括：建筑装饰装修工程、建筑给水排水及供暖工程、通风与空调工程、建筑电气工程等，对应本条第2款得分要求。

第3款，作为绿色金融的重要组成部分，绿色建筑性能保险是建筑绿色低碳发展进程中进行风险管理的一项重要手段。绿色建筑性能保险为绿色建筑达到预期星级提供风险保障，即在项目竣工后，如果建筑项目未达到预期绿色建筑星级或出现偏差，则按保险合同约定，保险公司将提供绿色改造补偿，以确保项目最终达到预期星级标准。目前市场已具有绿色建筑性能保险产品，但其整体上仍处于起步阶段。本条通过绿色建筑保险机制，以市场化手段保证绿色建筑实现预期的星级标准和绿色性能。

【具体评价方式】

本条适用于各类民用建筑的预评价、评价。

预评价查阅建设工程质量保险产品投保计划，保险产品保单（如有）。

评价查阅建设工程质量保险产品保单。

9.2.10 采取节约资源、保护生态环境、降低碳排放、保障安全健康、智慧友好运行、传承历史文化等其他创新，并有明显效益，评价总分值为40分。每采取一项，得10分，最高得40分。

【条文说明扩展】

绿色建筑的创新没有定式，凡是符合建筑行业绿色发展方向、绿色建筑定义理念，且未在本条之前任何条款得分的任何新技术、新产品、新应用、新理念，都可在本条申请得分。项目的创新点应较大地超过相应指标的要求，或达到合理指标但具备显著降低成本或提高工效等优点。为了鼓励绿色建筑百家争鸣、百花齐放，本条允许同时申请4项创新。

【具体评价方式】

本条适用于各类民用建筑的预评价、评价。

预评价与评价均为：查阅相关设计文件、分析论证报告及相关证明、说明文件。

分析论证报告应包括以下内容：①创新内容及创新程度（例如超越现有技术的程度，在关键技术、技术集成和系统管理方面取得重大突破或集成创新的程度）；②应用规模，难易复杂程度及技术先进性（应有对国内外现状的综述与对比）；③经济、社会、环境效益，发展前景与推广价值（如对推动行业技术进步、引导绿色建筑发展的作用）。对于投入使用的项目，尚应补充创新应用实际情况及效果。